独ソ戦車戦シリーズ
13

ドイツ国防軍の対戦車砲 1939-1945

開発／運用／組織編制とソ連戦車に対する射撃効果

著者
マクシム・コロミーエツ
Максим КОЛОМИЕЦ

翻訳
小松德仁
Norihito KOMA[...]

Противотанковая
Артиллерия
ВЕРМАХТА
1939 - 1945 гг.

大日本絵画
dainipponkaiga

目次　contents

3 ●序文

4 ●第1章
ドイツ製対戦車砲
ПРОТИВОТАНКОВЫЕ ОРУДИЯ НЕМЕЦКОГО ПРОИЗВОДСТВА

28/20㎜対戦車重ライフルs.Pz.B.41…4　　37㎜対戦車砲Pak35/36…7
42㎜対戦車砲Pak41…10　　50㎜対戦車砲Pak38…16　　75㎜対戦車砲Pak40…22
75/55㎜対戦車砲Pak41…27　　75㎜対戦車砲Pak97/38…31
75㎜対戦車砲Pak50…36　　76.2㎜対戦車砲Pak36(r)…39
76.2㎜対戦車砲Pak39(r)…43　　88㎜対戦車砲Pak43…46
88㎜対戦車砲Pak43/41…56　　128㎜対戦車砲Pak44、Pak80…63

67 ●第2章
外国製対戦車砲
ПРОТИВОТАНКОВЫЕ ОРУДИЯ ИНОСТРАННОГО ПРОИЗВОДСТВА

オーストリア式4.7cm対戦車砲Pak35/36(ö)…67
チェコスロヴァキア式37㎜対戦車砲P.U.V. vz.37──3.7cm Pak M37(t)…69
チェコスロヴァキア式47㎜対戦車砲P.U.V. vz.36──4.7cm Pak36(t)…71
ポーランド式37㎜ボフォース対戦車砲──3.7cm Pak36(p)…76
ベルギー式47㎜対戦車砲SA.FRS──4.7cm Pak185(b)…78
イギリス式2ポンド（40㎜）対戦車砲Q.F.Mk.VII──4cm Pak192(a)…79
フランス式25㎜ホチキス対戦車砲1934年型SA-L mle34──2.5cm Pak112(f)…81
フランス式25㎜対戦車砲1937年型──2.5cm Pak113(f)…82
フランス式47㎜シュナイダー対戦車砲1937年型──4.7cm Pak181(f)…83
ソ連式45㎜対戦車砲1932/1937年型及び1942年型（M42）──4.5cm Pak184(r)
及びPak186(r)…85

90 ●第3章
対戦車砲部隊の編制
ОРГАНИЗАЦИЯ ПОДРАЗДЕЛЕНИЙ ПРОТИВОТАНКОВОЙ АРТИЛЛЕРИИ

歩兵師団…90　　戦車師団…95　　機甲擲弾兵師団…96　　独立戦車猟兵大隊…98
砲兵軍団…111

114 ●第4章
ドイツ対戦車砲の効果
ЭФФЕКТИВНОСТЬ НЕМЕЦКОЙ ПРОТИВОТАНКОВОЙ АРТИЛЛЕРИИ

49 ●カラーイラスト

原書スタッフ

発行所／有限会社ストラテーギヤKM
　　　ロシア連邦　125015　モスクワ市　ノヴォドミートロフスカヤ通り5-A　16階　1601号室
　　　電話：7-495-787-3610　　E-mail：magazine@front.ru　　Webサイト：www.front2000.ru
発行者／マクシム・コロミーエツ　　　　　　　　美術編集／エヴゲーニー・リトヴィーノフ
プロジェクトチーフ／ニーナ・ソボリコーヴァ　　校正／ライーサ・コロミーエツ
カラーイラスト／ヴィクトル・マリギーノフ

■訳者及び日本語版編集部注は［　］内に記した。

序文　ВВЕДЕНИЕ

　ドイツ国防軍の対戦車砲をテーマにした本書は多くの点において、『フロントヴァヤ・イリュストラーツィヤ』シリーズの読者諸兄からいただいた手紙のおかげで世に出ることになったものである。拙著『赤軍の対戦車砲（Противотанковая Артиллерия Красной Армии)』の刊行後に、第二次世界大戦のドイツ対戦車砲についても書いて欲しいとの手紙を多数頂戴した。

　本書の執筆作業を進めるうちに、ドイツ軍の対戦車砲に関する資料がすべての疑問に答えを出してくれるものではなく、内容が互いに矛盾する点が非常に多いことが判ってきた。そのため本書は事典の体裁にして、ドイツ対戦車砲開発史の時系列的な説明と戦利対戦車砲の使用、対戦車砲部隊の組織編制、ソ連軍戦車に対するドイツ対戦車砲の射撃効果について紹介することにした。もちろん、戦利対戦車砲についてはドイツ軍が使用した砲の全種類ではなく、最も広範に使用されたものに限っている。

　対戦車砲の装甲貫徹能力を示す諸表はドイツ側の資料に基づいており、砲弾が垂直に命中した場合のデータである（特に指摘のある場合を除く）。ただし、戦利品として捕獲されたドイツ対戦車砲のソ連側による試験結果は、装甲貫徹能力に関してドイツ軍の示す数値よりおよそ15～18％低かったことを指摘しておかねばならない。最終章である射撃効果に関する章に引用している文書のスタイルと書き方には修正を加えていない。その中に記載されたIS-2重戦車に対する射撃の貫徹射程のデータにコメントは加えていないが、この試験は徹甲弾専用弾薬を用いて射撃したものであることを付記しておく。

　本書の執筆に力を貸していただいた友人のアンドレイ・クラピヴノフ、イリヤー・ペレヤスラーフツェフ、セルゲイ・プロトニコフの各氏に謝意を表したい。また、資料と貴重な助言を惜しまなかったミハイル・スヴィーリン氏には厚くお礼申し上げる。

第1章

ドイツ製対戦車砲
ПРОТИВОТАНКОВЫЕ ОРУДИЯ НЕМЕЦКОГО ПРОИЗВОДСТВА

28/20㎜対戦車重ライフルs.Pz.B.41
schwere Panzerbuchse 41

　ドイツ国防軍［ヴェーアマハト］の分類はこの兵器を対戦車重ライフルとしている。しかし口径や構造からするとむしろ砲である。それゆえ筆者はまず、ドイツ国防軍の対戦車砲を主題とする本書において、このタイプについても取り上げる必要があると判断した。
　ゲルリッヒが設計した口径漸減［テーパードボア］砲身を持つ対戦車機関砲の開発は、マウザー社（Mauser）で1939年の暮に始まった。当初この砲はMK8202という製造コードが付けられていた。砲の薬室部分の口径は28㎜、砲口部分のそれは20㎜であった。射撃には専用に開発された砲弾が使用され、それはタングステンカーバイト硬芯とスチール装弾筒と被帽からなる。装弾筒には2つの環状隆起があり、砲弾が砲身内を前進する際にライフルに食い込んで圧縮される。そうすることで、火薬燃焼ガスの砲弾底部に対する圧力の最大限の利用を確実にし、したがって高速の砲弾初速が得られ

1：ユーゴスラヴィア領内の沿岸防御施設に設置された対戦車重ライフルs.Pz.B.41。銃架は軽量化されたタイプだ。1942年。写真2、3と比べて径の小さな車輪が装着されているブレード［橇］のある銃架と、カバーで覆われた銃身がはっきり見える。(ロシア国立映画写真資料館所蔵、以下RGAKFD)

た。ところが設計とテストの段階で機関砲MK8202は単発式の対戦車重ライフルs.Pz.B.41へと変わり、1940年6〜7月のテストを経てドイツ国防軍の兵装に採用されたのである。

　この対戦車ライフルは水平鎖栓式半自動閉鎖機（開放は手動）を備え、十分高い速射性（毎分12〜15発）を有していた。反動エネルギーを小さくするために銃口には制退器が装着された。s.Pz.B.41は砲用の双脚式軽車輪砲架に搭載され、2名からなる射撃班を防護する防楯は二重（厚さ各3㎜）になっていた。対戦車重ライフルの設計上の特徴は、俯仰・旋回機構がない点である。上下方向の照準は砲身を砲耳をもって行ない、水平方向の照準は下部砲架の回転部分を手動で（2本のグリップを握って）旋回して調整する。

　やや後に対戦車重ライフル用の軽量化された銃架が開発され、ルフトヴァッフェの空挺部隊に支給されるようになった。この銃架は1本の脚を持ち、それには橇が付いており、さらにその部分に小さな車輪を戦場での移動のために取り付けることが可能だった。s.Pz.B.41 leFL 41の制式名を与えられたこの武器の重量は139kg（標準砲架に搭載の場合は223kg）であった。

　s.Pz.B.41における重量131gのPzGr41徹甲弾射撃の初速は1,402m/sと非常に高速であった。そのおかげで（命中角30°の）装甲貫徹能力は射程100mで52㎜、300mで46㎜、500mで40㎜、1,000mで25㎜あり、当該口径においては最良の性能を誇る武器のひとつであった。1941年当時のs.Pz.B.41の弾薬には重量85gの榴弾も含まれていたが、その効果はあまり高くなかった。

　s.Pz.B.41の短所として挙げられるのは、高い製造コスト（4,500ライヒスマルク）と砲身劣化の激しさであった。当初の砲身寿命はわずか250発であったが、その後この指標は500発まで向上した。そのほか、s.Pz.B.41用砲弾の製造には、非常に不足していたタン

2：射撃訓練時の対戦車重ライフルs.Pz.B.41射撃班。1941年。二重防楯や車輪、銃架の構造がよく分かる。（ストラテーギヤKM社所蔵、以下ASKM）

5

3：対戦車重ライフルs.Pz.B.41と、ライフル並びに弾薬運搬用のトレーラー。牽引車両に取り付けられたs.Pz.B.41を、最大時速50kmのスピードで移動させることができた。（ASKM）

グステンが使用されていた点が挙げられる。

　1941年初頭のドイツ領内のタングステン備蓄は483tであった。そのうち97tは7.92mm口径タングステン硬芯銃弾の生産に、さらに2tは他の様々な別の使途に消費され、残りの384tは硬芯徹甲弾の製造に充てられていた。これらの砲弾は総計684,600発以上、戦車や対戦車砲や対空砲のために生産された。

　まさしくそれがゆえに、1943年9月、s.Pz.B.41は2,797挺を生産した後に製造中止となった。

　s.Pz.B.41は主としてドイツ国防軍歩兵師団やルフトヴァッフェの地上勤務師団、降下猟兵師団に供給され、これらの部隊で終戦まで使用された。1945年3月1日当時、部隊配備されていたs.Pz.B.41は775挺を数え、さらに78挺が兵器庫に保管されていた。

28/20mm対戦車重ライフルs.Pz.B.41の性能諸元	
口径(mm)	28/20
戦闘重量(kg)	229（軽量銃架の場合—139）
銃身長(mm)	1,714
施線部長(mm)	1,370
砲員(人)	2（+装弾支給手1）
牽引速度(km/h)	50（専用運搬車の場合）
発射速度(発/分)	12～15
最大射程(m)	1,000
照準射程(m)	500
有効射程(m)	300
射角(度)	
左右	60
上下	-4～+45
初速(m/s)	1,402
PzGr41装甲貫徹能力(mm)	93/66（射程100m/500m）

37mm対戦車砲Pak35/36
3.7cm Panzerabwehrkanone 35/36

　この対戦車砲の開発はラインメタル・ボルジヒ社（Rheinmetall-Borsig）においてすでに1924年に始められており、しかも設計は、ドイツが対戦車砲を持つことを禁じたヴェルサイユ条約の規制をかいくぐって行われたものであった。とはいえ1928年の末には、3.7cm Tak28L/45と制式名が定められたこの新式砲の初期型が部隊配備されるようになった（TakはTankabwehrkanoneの略で対戦車砲を意味し、Panzerの表現がドイツで使用されるのはやや後になってからのことである：著者注）。

　重量435kgの3.7cm対戦車砲Tak28L/45の砲架はパイプ状の双脚を持つ軽量なもので、これに半自動水平鎖栓式閉鎖機を備えた単肉（モノブロック）の砲身が搭載された。閉鎖機は十分高い速射性を保障し、毎分最大20発の射撃を可能にした。脚を開いた状態での方向射界は60度であったが、やむをえない場合は脚を閉じた態勢での射撃も可能であった。砲は木製のスポークホイールを備え、馬匹運行された。射撃班の防護には装甲厚5mmの防楯があり、その上部は蝶番で倒れるようになっている。

　1920年代末当時、37mm砲Tak29が最良の対戦車砲の一つであったことに疑問はない。そのため輸出用のTak29が開発され、トルコやオランダ、スペイン、イタリア、日本、ソ連といった多くの国々が購入した。そのうち何カ国かは、この砲の生産ライセンスまで入手した（1930年代から1940年代初めの赤軍の主要対戦車兵器であったお馴染みの45mm砲、すなわち45mm対戦車砲19Kを思い出して

4：1928年からライヒスヴェーア（ヴァイマル共和国軍）に配備された37mm対戦車砲Tak28。スポーク車輪は木製。閉鎖機部の左側にある旋回、俯仰ハンドルがよく見える。（ASKM）

4

5：ラインメタル・ボルジヒ社の工場内での37㎜対戦車砲Pak35/36の組み立てライン。1940年ごろの光景と思われる。（RGAKFD）

6：1938年から1939年にかけて製造された37㎜対戦車砲Pak35/36。すでに空気タイヤが装着されている。防楯にはその上部を折りたんだ際に支えとなる支柱が見える。（ASKM）

いただければ十分だろう。これは1930年に購入された37㎜ Tak29に起源を有する）。

　1934年に同砲は改良され、空気タイヤが装着されたことで自動車での牽引が可能となり、照準装置も改善され、砲架の構造に若干の改変が施された。この砲は3.7㎝ Pak35/36（3.7㎝ Panzerabwehrkanone 35/36）の制式名で、ヴァイマル共和国軍［ライヒスヴェーア］の兵装に支給されるようになり、1935年3月からはドイツ国防軍の主要対戦車火器として配備されるようになった。その価格は1939年当時で5,730ライヒスマルクであった。37㎜砲Pak35/36の生産が進むにつれて、1934年までに製造された木製タイヤのTak L/45 29は部隊から回収されていった。

　1936年から1939年にかけてPak35/36はスペイン内戦において戦火の洗礼を浴びた──レギオン『コンドル』とスペインの民族主義派によって使用されたのである。戦闘運用の結果は非常に良好だった──Pak35/36はスペイン共和派の兵装にあったT-26、BT-5といったソ連戦車を相手に距離700～800mで善戦した（まさしくスペインでの37㎜対戦車砲との衝突が、ソ連の戦車製造企業をして対弾性ある装甲を持つ戦車の開発を始めさせたのである）。

　対仏戦においては、70㎜もの装甲厚の英仏戦車に対して37㎜対戦車砲は効果が無いことが判明し、ドイツ国防軍司令部はより強力な対戦車砲兵器の開発を加速化させる決定を下した。Pak35/36の活躍に幕を下ろしたのは対ソ戦で、その中で37㎜砲はKV重戦車やT-34中戦車に対してはまったく無力であることが明らかになったからだ。例えば、1941年6月のある報告には、37㎜砲がT-34戦車に23発も命中させたものの、まったく何の効果も無かったことが伝えられている。それゆえ、Pak35/36が部隊内でやがて"陸軍のドアノッカー"［heeresanklopfgerät］と呼ばれるようになるのも、驚くに値しない。1942年1月、本砲の生産は中止された。1928年の生産開始以来、全部で16,539門のPak35/36が製造され（Tak L/45 29を含む）、そのうちの5,339門は1939年から1942年の間に造られたものだった。

　標準型のPak35/36のほかに、ルフトヴァッフェの空挺部隊向けにこれをいくらか軽量化したタイプも開発された。その制式名は3.7㎝ Pak auf leihter Feldafette（3.7㎝ Pak leFlat）と定められた。この砲はJu52輸送機で懸吊して空輸することを想定したものである。3.7㎝ Pak leFlat はPak35/36と外見上は実質的に違いは無く、製造数は非常に少なかった。

　Pak35/36の射撃に当初用いられたのは徹甲弾（PzGr39）または榴弾（SprGr）の2種類の弾薬である。重量0.68kgの前者は底部に起爆装置と曳光装置を備えた硬質鋼材の実体弾である。対人用には

瞬発信管を持つ、重量0.625kgの榴弾が使用された。1940年に厚い装甲を持つ英仏戦車と戦った後、Pak35/36の弾薬にはタングステンカーバイト硬芯が入った硬芯徹甲弾PzGr40が加えられた。ただし、この砲弾は0.368kgと軽量であったために、有効射程が最大400mだったのも確かではある。

1941年末になると、ソ連戦車T-34、KVと戦うために外装式成形炸薬榴弾Stielgranate 41が特別に開発された。これは迫撃砲弾に似た、成形炸薬弾頭を持つ、長さ740mで重量が8.51kgの、砲身に砲口から前装される棒付弾である。Stielgranate 41の発射は空砲弾の射撃によって行い、飛翔の安定は尾部の4枚の小さな翼によって保たれる。当然、このような榴弾の射程には改善の余地があった――取り扱い説明書によると射程は300mのはずだったが、実際に目標に到達できる距離は最大100mに過ぎず、それさえも至難のことであった。このため、Stielgranate 41は90mmの装甲を貫徹することはできたものの、戦闘条件下での効果は非常に低かった。

37mm対戦車砲Pak35/36は第二次世界大戦初期におけるドイツ国防軍の主要対戦車兵器であった。それは歩兵、騎兵、戦車といったあらゆる兵科の部隊に配備されていた。後にこの砲は主として歩兵師団、それに戦車猟兵大隊の中で運用されるようになる。1941年にはPak35/36がより強力な50mm対戦車砲Pak38に、その後には75mm砲Pak40へと換装されていく。それでもなお、37mm対戦車砲はドイツ国防軍部隊の中に終戦まで残っていた。1945年3月1日の時点でもまだ216門のPak35/36が諸部隊に配備されており、さらに670門が兵器庫や兵器工廠に保管されていた。

Pak35/36はドイツの装甲兵員輸送車Sd.Kfz.250/10とSd.Kfz.251/10に搭載され、また少数ながらクルップ社の貨物自動車や半装軌式1t牽引車Sd.Kfz.10、戦利品のフランス製ルノーUE豆戦車、ソ連製半装甲牽引車コムソモーレツ、イギリス製装甲兵員輸送車ユニヴァーサルにも取り付けられた。

42mm対戦車砲Pak41
4.2cm Panzerabwehrkanone 41

口径漸減砲身を持つ制式名4.2cm Pak41軽対戦車砲の開発は、1941年の秋にマウザー社で始まった。この新型砲はs.Pz.B.41と同じように口径が42mmから28mmに変化する砲身を持っていた（実際にはPak41の口径は40.3～29mmであったが、あらゆる文献においては42mm並びに28mmとされている：著者注）。砲腔が狭まっていくため、砲弾底部に対する装薬燃焼ガスの圧力が最大限に活かされ、したがって高い初速が得られた。砲身の消耗を抑えるために、その

7：第6山岳歩兵師団の37mm対戦車砲Pak35/36射撃班の射撃訓練。1940年夏。砲身内への異物侵入を防ぐ砲口カバーが防楯に固定されているのがよく分かる。(RGAKFD)

8：演習時に射撃線に出た37mm対戦車砲Pak35/36の射撃班。1938年と思われる。防楯には二色迷彩が施され、砲身には小銃弾で試射を行うための補助具が挿入されているのがよく見える。(RGAKFD)

7

8

9

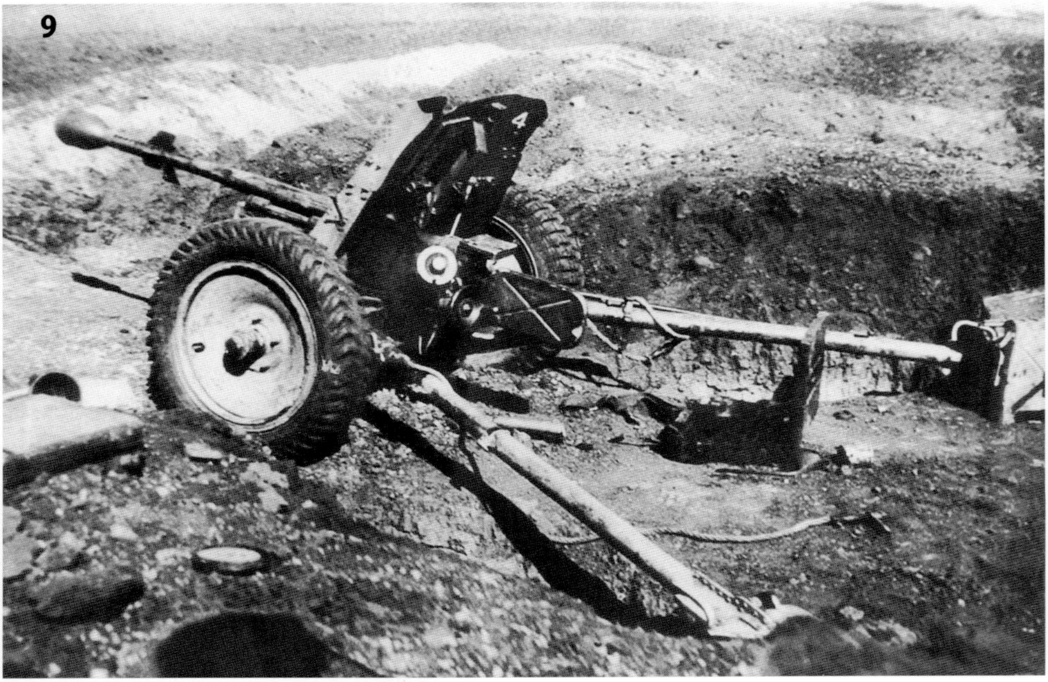

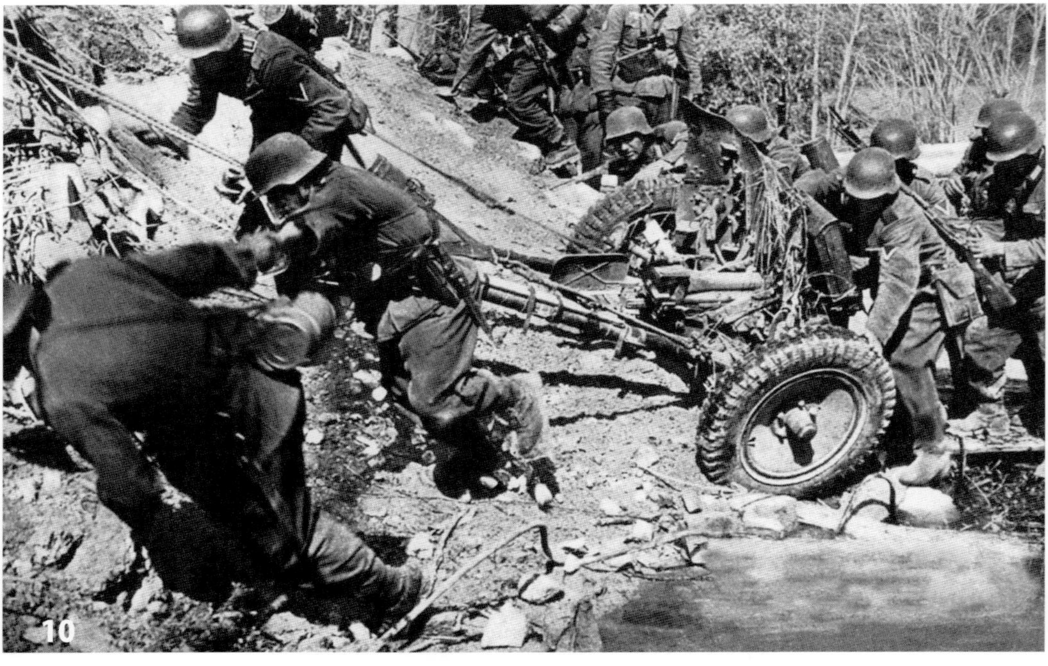

10

9：超口径榴弾Stielgranate 41が砲口に装着された37㎜対戦車砲Pak35/36。ブリャンスク方面軍、1943年夏。(ASKM)

10：37㎜対戦車砲Pak35/36はその軽量性ゆえに他種の砲の使用が困難な条件下(山岳、森林地帯など)でも使用できた。この写真からは、ソ連の難しい地勢条件下でどのようにPak35/36が運行されていたかをうかがい知ることができる。1941年夏。(RGAKFD)

11：鹵獲したドイツ軍の37㎜対戦車砲Pak35/36を検分する赤軍兵たち。カリーニン方面軍、1942年1月。(ASKM)

37㎜対戦車砲Pak35/36の性能諸元

口径(mm)	37
戦闘重量(kg)	440
砲身長(mm)	1,665 (45口径)
砲腔長(mm)	1,308
砲員(人)	5
牽引速度(km/h)	45
発射速度(発/分)	15〜20
最大射程(m)	6,800
照準射程(m)	1,000
有効射程(m)	600
射界(度)	
左右	59
上下	-8〜+25
初速(m/s)	
PzGr39	760
PzGr40	1,030
Sprenggranate	745
装甲貫徹能力(mm)	
PzGr39	48/27 (射程500m/1,000m)
PzGr40	65 (射程100m)

12

　製造に当たってはタングステンとモリブデン、バナジウムを多く含む特殊鋼が使用されている。この砲は水平鎖栓式半自動閉鎖機を備えており、毎分10～12発の発射が可能であった。砲身は37㎜対戦車砲Pak35/36の砲架に搭載され、脚を展開した場合の方向射界は41度に及ぶ。

　装備弾薬には榴弾や徹甲弾を装着した特別構造の完全弾薬筒式装弾が含まれていた。専用徹甲弾の構造は、口径28/20㎜の対戦車重ライフルs.Pz.B.41と同じである。これらの砲弾の頭部は特殊な構造で、砲弾が口径漸減砲身を前進する際に頭部の直径が小さくなるようになっていた。

　4.2㎝Pak41のテストは見事な結果を出した――距離1,000mにおいて重量336gの弾丸は厚さ40㎜の装甲板を完璧に貫徹したのである。本砲の生産はマウザー社からアシャースレーベン市（Aschersleben）にあるビレラー・ウント・クンツ社（Billerrer & Kunz）に移され、そこでは1941年の末までに37門が納入された。Pak41の生産は313門を製造した後に中止された。1門あたりの価格は7,800ライヒスマルクであった。4.2㎝Pak41の運用は、特殊鋼の使用にもかかわらず、耐久性の低さ――わずか500発（37㎜Pak35/36の約10分の1）――を露呈した。それに砲身の製造そのものが非常に手間と金のかかる作業で、徹甲弾の発射が、第三帝国でひどく欠乏していたタングステンを必要としていたからである。

　4.2㎝対戦車砲Pak41はドイツ国防軍歩兵師団とルフトヴァッフ

12-13：口径漸減砲身を持つ42/28㎜対戦車砲Pak41。Pak41とPak35/36の外見上の一番の相違点は、砲身の長さであったことが分かる。(ASKM)

ェ地上勤務師団の対戦車駆逐大隊に配備され、1944年の半ばまで部隊運用され、東部戦線と北アフリカ戦線で使用された。1945年3月1日の時点では前線に9門、そして兵器庫に17門のPak41が残っていた。

42㎜対戦車砲Pak41の性能諸元

口径(mm)	42
戦闘重量(kg)	560
砲身長(mm)	2,250
砲腔長(mm)	1,700
砲員(人)	5
牽引速度(km/h)	45
発射速度(発/分)	10～12
最大射程(m)	7,000
照準射程(m)	1,000
有効射程(m)	600
射界(度)	
左右	60
上下	-8～+26
初速(m/s)	
PzGr41	1,270
Sprenggranate	950
PzGr41装甲貫徹能力(mm)	87/60 (射程500m/1,000m)

13

14：射撃陣地にある50㎜対戦車砲Pak38。1941年10月、第2戦車集団進撃地帯、オリョール地区。手前には50㎜砲弾の弾薬箱（各4発入り）が見え、道路上ではソ連軍貨物自動車GAZ-AAが燃えている。（RGAKFD）

50㎜対戦車砲Pak38
5cm Panzerabwehrkanone 38

　1935年にラインメタル・ボルジヒ社はPak35/36よりも強力な口径50㎜の対戦車砲の開発に着手した。Pak37の制式名を与えられた新型砲の試作品は1936年に製造され、テストに供された。重量585kgの砲は全長2,280㎜の砲身を持ち、徹甲弾の初速は685m/sであった。しかし軍人たちは、テストの結果、とりわけ装甲貫徹能力と砲架の不安定な構造に不満を抱いた。そこでラインメタル・ボルジヒ社は砲架の構造を設計し直し、砲身長を3,000㎜まで延ばし、

より強力な弾薬を開発した。その結果、砲の重量は990kgにまで増し、徹甲弾の初速は835m/sに高まり、距離500mでは厚さ60㎜の装甲を貫徹するようになった。細かな欠点を解消し、テストを通過した50㎜対戦車砲はPak38の制式名を受領して、ドイツ国防軍の兵装に加えられた。

Pak35/36と同様に新型砲は可動脚を持ち、方向射界65度の射撃が可能であった。鋳造のゴムタイヤとコイルスプリングのディスクホイールによって、Pak38は最大40km/hで移動させることが可能となった。しかも、砲を戦闘姿勢に移し、脚を展開する際には車輪のスプリングは自動的に解除され、閉じると自動的にスプリングが利くようになっていた。砲身は単肉構造で、閉鎖機は水平鎖栓式半自動、毎分最大14発の速射性を保障した。

Pak38は、上部と下部の2枚の防楯を備え、上部は複雑な形状の2枚の4㎜厚装甲板からなり、20～25㎜の間隔をもって取り付けられ、射撃班を正面からと部分的に側面からも防護していた。厚さ4㎜の下部防楯は車軸の下に蝶番で垂れ下がり、下から飛来する破片から射撃班を守っていた。このほか、新型の撃発機構が採用され、照準装置も改良され、砲身の後座を抑える砲制退器が装着された。軽量化のために砲架の一連の部品（例えばパイプ状の脚）はアルミニウムで製作されたが、それでもなおPak38の重量はPak35/36に比べて倍以上もあり、1,000kgとなっていた。そこで、射撃班が砲を人力で移動させる負荷を軽減するために、Pak38には一輪の軽量フロントボギー車が装備され、これに閉じた脚を連結できるようになっていた。この結果、砲は三輪構造となり、7名からなる射撃班は砲を戦場で移動させることができるようになった。しかも、機動を容易にするため、フロントボギー車の車輪は方向を変えることができた。

Pak38の量産はラインメタル・ボルジヒ社の工場で1939年に始まったが、その年の末までに製造できたのはわずか2門に過ぎなかった。新型対戦車砲はフランスでの戦闘行動には参加していない——最初の17門のPak38が部隊配備されたのは1940年7月のことであった。ところが、終了したフランス作戦がPak38生産を加速化させることになった。というのも、戦闘の過程でドイツ国防軍が装甲の厚い戦車と衝突してから、それらに対してPak35/36が実質的に無力であることが判明したからだ。そこで1941年7月1日までに1,047門が生産された。ただし、部隊に配備されたのは約800門であった。

1940年11月19日付の陸軍総司令部の命令により、Pak38の牽引手段として半装軌式1t牽引車Sd.Kfz.10が規定された。ところが、この牽引車が不足していたことから、1941年1月16日には新たな

15：ラインメタル・ボルジヒ社の工場敷地内に並ぶ75㎜対戦車砲Pak97/38。1942年夏。戦場における砲の移動を容易にするため、砲架に車輪が積まれているのがよく分かる。このような車輪は50㎜対戦車砲Pak38にも装備された。（ASKM）

16：ソ連戦車を狙い撃つ50㎜対戦車砲Pak38射撃班。1942年夏、ヴォロネジ地区。照準手と、装弾を両手で支える装塡手の動きがよく分かる。（RGAKFD）

17：戦闘中の50mm対戦車砲Pak38射撃班。1941年夏、独ソ戦線。砲班長、照準手、装填手、2名の弾薬手の配置がはっきり分かる。砲尾から薬莢が排出される様子が見える。(ASKM)

18：中央方面軍の進撃時にソ連戦車によって破壊された50mm対戦車砲Pak38。1943年7月、オリョール方面。砲身と防楯に施された迷彩と、地面に散乱している弾薬と鉄製弾薬箱が見える。(ASKM)

命令が発出され、50mm対戦車砲の移動には1.5tトラックを使用することとされた。だが戦争の過程ではPak38の輸送に戦利品のフランス製補給用豆戦車ルノーUEやクルップ社製の貨物自動車、その他多くのものが利用された。

Pak38の射撃には3種類の完全弾薬筒式装弾——榴弾、曳光徹甲弾、硬芯徹甲弾——があった。重量1.81kgの榴弾にはTNT炸薬（0.175kg）が入っていた。その上、爆発の視認性を高めるために起爆筒に小さな煙幕弾が埋め込まれていた。

曳光徹甲弾にはPzGr39とPzGr40の2種類の砲弾があった。前者は重量が2.05kgで硬質鋼の弾頭部は弾体に溶接され、鉄製の弾帯と0.16kgの爆薬を有していた。PzGr39は距離500mで垂直に命中した場合、厚さ65mmの装甲を貫徹することができた。

硬芯徹甲弾PzGr40は鋼鉄の糸巻型の外郭とタングステンの徹甲硬芯とから成る。空気動力学的性能を良くするため、砲弾には上からプラスチック製の被帽が固定された。PzGr40は距離500mで垂直に命中した場合、厚さ75mmの装甲を貫徹することができた。

1943年にはPak38用に外装式成形炸薬榴弾Stielgranate 42（Pak 35/36用の同様の弾薬に類似）が開発され、重量は13.5kg、そのうち2.3kgが爆薬であった。この榴弾は砲身に砲口側から前装され、空砲弾薬を使って発射された。だが、Stielgranate 42の装甲貫徹能力は180mmであるのに、その効果は射程150m以内のものだった。1945年3月1日までに製造されたPak38用のStielgranate 42は全部で12,500発を数えた。

50mm対戦車砲Pak38は中距離においてはソ連のT-34中戦車を相

50mm対戦車砲Pak38の性能諸元

口径（mm）	50
戦闘重量（kg）	990
移動時重量（kg）	1,000
砲身長（mm）	3,175（公式60口径/事実上63.5口径）
砲腔長（mm）	2,824
砲員（人）	7
牽引速度（km/h）	40
発射速度（発/分）	12〜14
最大射程（m）	9,400
照準射程（m）	1,000
有効射程（m）	700
射界（度）	
左右	65
上下	-8〜+27
初速（m/s）	
PzGr39	835
PzGr40	1,180
Sprenggranate	550
装甲貫徹能力（mm）	
PzGr39	78/61（射程500m/1,000m）
PzGr40	120/84（射程500m/1,000m）

手に、そして近距離においてはKV重戦車とも戦うことができた。ただし、それには大きな代償を払わねばならなかったのも確かである。1941年12月1日から1942年2月2日の間だけでもドイツ国防軍は269門ものPak38を戦闘で失った。しかもこれは全損の数だけで、機能を喪失して回収されたものは含まれていない（その一部もまた復旧はできなかった）。

　50㎜対戦車砲Pak38の生産は1943年の秋まで続けられ、全部で9,568門が製造された。それらは基本的に歩兵、機甲擲弾兵、戦車、その他師団所属の戦車猟兵大隊に支給された。1944年の後半以降は、この砲は主に教導部隊や後方配置の戦闘部隊（編成・訓練段階の部隊や兵員の平均年齢の高い部隊、『大西洋の壁』配置部隊）の中で使用された。

　Pak38は他のドイツ対戦車砲と異なり、各種の自走砲には使われなかった。この砲が搭載されたのは、1tハーフトラックSd.Kfz.10のシャシー（このような自走砲が少数、武装SS部隊で運用された）と複数のSd.Kfz.250（このタイプの車両がベオグラードの軍事博物館に1両所蔵）、マルダーIIベースのVK901（2両）と1両のI号戦車弾薬運搬車改造自走砲（Munitionsschlepper（VK302））である。

19：ラインメタル・ボルジヒ社工場内における75㎜対戦車砲Pak40の組み立て風景。1943～1944年。（ASKM）

75㎜対戦車砲Pak40
7.5㎝ Panzerabwehrkanone 40

　制式名Pak40となる75㎜口径新型対戦車砲の開発がラインメタル・ボルジヒ社で始まったのは1938年のことであった。その翌年には最初の試作砲のテストが始まったが、それらは当初、Pak38砲の口径を75㎜に大型化したものであった。しかしやがて、50㎜砲のために採用された技術上の工夫は、75㎜砲には適さないことが判明した。例えば、Pak38の砲架のパイプ状アルミ製部品がそれである。Pak40のプロトタイプのテスト中にアルミ製の部品はすぐに壊れてしまったのだ。これと、さらに一連の他の問題が、ラインメタル・ボルジヒ社にPak40の改良を迫った。だが、Pak38より強力な砲の必要性を当時のドイツ国防軍は実感していなかったため、Pak40設計の進捗はかなり遅々としたものだった。

　75㎜対戦車砲に関する作業を加速させるきっかけとなったのは対ソ戦である。T-34中戦車や殊にKV重戦車に直面したドイツ軍の対戦車部隊は、これらを相手に戦う能力を持たないことが露見した。そのためラインメタル・ボルジヒ社は、75㎜対戦車砲の開発作業を至急完了するよう指示を受けた。1941年12月、新型対戦車砲の試作砲がテストされ、1942年1月にはその生産が開始されて、2月には量産Pak40の最初の15門が部隊配備された。

　この砲はモノブロックの砲身に、後座エネルギーのかなりな部分を減少する制退器を備え、毎分最大14発の射撃を可能にする鎖栓式半自動閉鎖機を持っていた。砲架は可動式の脚を有し、方向射界は最大58度に及んだ。砲の運行には完全ゴムタイヤのスプリング

20：8名の75㎜対戦車砲Pak40射撃班が砲を新たな射撃陣地に移動させている。フランス、1944年秋。Pak40の移動は装備に含まれていた専用ロープを使用しても、楽な作業ではなかったことがうかがい知れる。（ASKM）

21：射撃陣地の75㎜対戦車砲Pak40射撃班。1944年秋。手前には75㎜弾が3発入った金属製弾薬箱が写っており、写真左手の兵は信号拳銃とその装弾ケースを手にしている。（ASKM）

付き車輪を備え、機械式牽引では最大40km/h、馬匹では15〜20km/hのスピードで牽引することができた。さらに空圧式走行ブレーキを有し、牽引車や自動車の運転席から操作することができた。または、砲架の両側面にあった2本のレバーでもって手動でブレーキをかけることもできた。

射撃班の防護のためには上部、下部の防楯があり、上部砲架に固定された上部防楯は厚さ4㎜の装甲板2枚からなり、それらは25㎜の間隔で取り付けられていた。下部防楯は下部砲架に固定され、しかもその半分は蝶番のところで折り上げることができるようになっていた。砲の価格は12,000ライヒスマルクであった。

Pak40の弾薬には重量5.74kgの榴弾SprGr、曳光徹甲弾PzGr39（重量6.8kgの硬質合金弾体と17gの曳光剤）、硬芯徹甲弾PzGr40（タングステンカーバイト硬芯を含み重量4.1kg）、成形炸薬弾HL.Gr（重量4.6kg）が含まれている。

本砲は赤軍及び連合国軍のあらゆる種類の戦車を相手に、中距離、長距離で首尾よく戦うことができた。例えばPzGr39は距離1,000mで80㎜の装甲を、またPzGr40は87㎜の装甲を貫徹した。成形炸薬弾HL.Grは距離600mまでの戦車に対して用いられ、その場合90㎜の装甲を確実に撃ち破った。

Pak40は第二次世界大戦中のドイツ国防軍の最も成功した、最も大量に使用された砲であった。その生産は増え続けた——1942年の月間平均生産数が176門であったのに対し、1943年には728門、1944年には977門となった。Pak40の生産のピークは1944年10月で、1,050門も造られた。その後は連合国軍によるドイツ企業に対する大爆撃のせいで、生産数は落ちていった。しかしそれにもかか

22:1943年8月のハリコフ地区において赤軍部隊が進撃中に鹵獲した75㎜対戦車砲Pak40。下部防楯の蝶番から下半分が引き上げられ、スポークタイヤの構造がはっきり分かる。(ASKM)

23:東プロイセンでドイツ軍が撤退するときに、ケーニヒスベルクへの近接路に遺棄した75㎜対戦車砲Pak40。1945年4月。同砲は写真22の砲と異なり、車輪がディスクホイールである。(ASKM)

24：ドイツ軍が撤退の際にキエフ地区に遺棄していった75mm対戦車砲Pak40、ダークイエローに塗装されている。1943年11月。閉鎖機部と旋回・俯仰ハンドルがよく見える。（ASKM）

わらず、1945年の1月から4月にかけてドイツ国防軍はさらに721門もの75mm対戦車砲を受領した。1942年から1945年の間に製造されたPak40は全部で23,303門を数える。車輪の構造（スポークホイール、ディスクホイール）や砲制退器の構造が互いに異なるいくつかのヴァリエーションがあった。

　75mm対戦車砲は歩兵、機甲擲弾兵、戦車、その他の師団に所属する戦車猟兵大隊や、より少数ではあるが、独立戦車猟兵大隊にも配備された。常に最前線に配置されたこれらの砲は、戦闘で大きな損害を出していた。例えば1944年秋から冬の4カ月間にドイツ国防軍は2,490門のPak40を失い、その内訳は9月に669門、10月に1,020門、11月に494門、12月に307門であった。陸軍総司令部のデータによると、1945年3月1日までに失われたPak40は17,596門に上り、その時点で前線に配置されていた数は5,228門（このうち車輪付き砲架に搭載されていたのは4,695門）、さらに84門が兵器庫や教導部隊にあった。

　75mm対戦車砲は大々的に、戦車や装甲兵員輸送車、装甲車のシャシーをベースにした各種自走砲に活用された。1942年から1945年の間、この砲が搭載されたのは自走砲のマルダーⅡ（Pz.Ⅱのシャシー、576両）やマルダーⅢ（Pz.38(t)のシャシー、1,756両）、装甲兵員輸送車Sd.Kfz.251/22（302両）、装甲車Sd.Kfz.234/4（89両）、装甲キャビネット付き装軌式牽引車RSO（60両）、フランス製戦利装甲兵器（ロレーヌ牽引車、H-39戦車、FCM36戦車、半装軌式シャシー装甲兵員輸送車ソミュアMCGなど全部で220両）である。このように、Pak40はその量産期の間3,003門を下らぬ砲が様々

75mm対戦車砲Pak40の性能諸元

口径 (mm)	75
戦闘重量 (kg)	1,425
移動時重量 (kg)	1,500
砲身長 (mm)	3,450 (56口径)
砲腔長 (mm)	2,461
砲員 (人)	8
牽引速度 (km/h)	40
発射速度 (発/分)	12〜15
最大射程 (m)	10,000
照準射程 (m)	2,000
有効射程 (m)	900
射界 (度)	
左右	58
上下	-6〜+22
初速 (m/s)	
PzGr39	790
PzGr40	990
Sprenggranate	550
装甲貫徹能力 (mm)	
PzGr39	132/116 (射程500m/1,000m)
PzGr40	154/133 (射程500m/1,000m)

25：ソ連軍戦車が東プロイセン攻勢の際に占拠した75mm対戦車砲Pak40の射撃陣地。ケーニヒスベルク地区、1945年4月。同砲は駐鋤が地面に打ち込まれておらず、おそらくこの陣地から一発も撃つことができなかったようだ。右手には75mm弾薬と、金属製の弾薬入筒が転がっている。（ASKM）

26：口径漸減砲身砲を持つ75/55mm対戦車砲Pak41を前方から見る。1942年春。

なシャシーに搭載された。しかもこれには、後に修理再製された砲を含まない（そのような砲は全体の約13％を占める）。

1942年の末にニュルティンゲン市(Nürtingen)のヘラー社(Gebr. Heller)は、Pak40の改良型である75mm対戦車砲Pak42を開発、製造した。これはPak40標準型の砲身長が46口径であったのを71口径にまで延ばしたものである。ドイツ側の資料によると、テストの後にこのタイプの砲は野戦砲架に載せて253門製造され、その後生産は中止された。やがて（砲制退器を除いた）Pak42が駆逐戦車Pz.IV（A）とPz.IV（V）に搭載されるようになった。野戦砲架のPak42に関して言えば、それらの写真や部隊支給あるいは戦闘運用に関するデータを見つけることはまだできていない。今日唯一分かっているのは、3t半装軌式牽引車のシャシーに搭載されたPak42の写真のみである。

75/55mm対戦車砲Pak41
7.5cm Panzerabwehrkanone 41

本砲の開発はクルップ社によって、ラインメタル・ボルジヒ社のPak40の設計と並行して進められた。だがPak40と違って、制式名Pak41を受領したクルップ社の砲は、42mmのPak41と同様に口径漸減砲身を持っていた。最初の試作砲は1941年の末に造られた。

この砲はかなり独特な構造を有している。砲身基部はボールマウントで二重防楯に取り付けられた。防楯にはまた、脚とスプリング付き車輪軸が固定されていた。このように、Pak41の砲を支える主な構造体は二重の防楯であった。

砲身は薬室部の口径75mmから砲口部の口径55mmまで変わるが、砲身の全長にわたって狭まるのではなく、3つの部分に分割されて

27：75/55mm対戦車砲Pak41の左側面。1942年春。閉鎖機部と左脚の砲身洗浄棒収納筒がよく見える。防楯の厚さに注目。（ASKM）

いた。薬室部から始まる最初の部分は長さ2,950mmで口径は75mm、それから先の950mmの部分は口径が漸減して75mmから55mmに狭まり、最後の長さ420mmの部分の口径は55mmであった。このような構造のおかげで、射撃時にもっとも大きく消耗する中間部分は、野戦条件下においてさえ問題なく交換することが可能であった。後座力を減少させるため、砲身はスリット型砲制退器を備えていた。

　口径漸減砲身を持つ75m対戦車砲Pak41は1942年の春にドイツ国防軍の兵装に制式採用され、4月から5月の間にクルップ社はこのタイプの砲を150門生産したが、その後製造は中止された。Pak41がかなり高価だったからだ――1門の価格は15,000ライヒスマルクを超えていた。

　Pak41の弾薬には重量2.56kgのPzGr41HK（距離1,000mで厚さ136mmの装甲を貫徹）や重量2.5kgのPzGr41（W）（距離1,000mで厚さ145mmの装甲を貫徹）の徹甲弾、それに榴弾SprGrが用いられた。Pak41用の弾薬は、やはり口径漸減砲身を持つ28/20mm s.Pz.B.41対戦車重ライフルや42mm Pak41対戦車砲に使用する弾薬と同じような構造を有している。だが、前線に支給されたこれらの弾薬の量は十分でなかった。というのも、徹甲弾PzGrの製造には、欠乏していたタングステンが使用されていたからだ。

　75mm対戦車砲Pak41はいくつかの歩兵師団の戦車猟兵大隊に配備された。砲弾の初速が高かったので、実質的にすべてのソ連、イギリス、アメリカの戦車を相手に首尾よく戦うことができた。しかしながら、砲身の消耗が激しく、タングステンの不足から、1943年の半ばからはこれらの砲は徐々に各部隊から回収されるようになった。とはいえ、1945年3月1日時点のドイツ国防軍にはまだ11門のPak41が残っていた。ただしそのうち前線に配置されていたのは3門に過ぎなかったことも確かだが。

75/55mm対戦車砲Pak41の性能諸元

口径(mm)	75/55
戦闘重量(kg)	1,390
移動時重量(kg)	1,450
砲身長(mm)	4,320
砲腔長(mm)	2,950
口径漸減部砲身長(mm)	950
砲員(人)	7
牽引速度(km/h)	40
発射速度(発/分)	12 〜 14
最大射程(m)	8,000
照準射程(m)	2,000
有効射程(m)	1,800
射界(度)	
左右	60
上下	-12 〜 +17
初速(m/s)	
PzGr41HK	1,125
PzGr41(W)	1,230
Sprenggranate	900
PzGr41HK装甲貫徹能力(mm)	209/177 (射程500m/1,000m)

28：口径漸減砲身砲用徹甲弾の大きさの比較（左から右へ）──75/55mm Pak41、42/28mm Pak41、28/20mm s.Pz.B.41。(ASKM)

29：英国のヴィッカース・アームストロング社（Vickers-Armstrong）が1934年〜1936年ごろにベルギー軍のために製造し、ドイツ軍に鹵獲された砲牽引車VA601(b)が、75/55mm対戦車砲Pak41を牽引している。ドイツ第30歩兵師団戦車猟兵大隊、東部戦線、1942年夏。(ASKM)

30：モスクワ市ゴーリキー記念中央文化保養公園の戦利機器兵器展に展示された、口径漸減砲身を有する75/55mm対戦車砲Pak41。1946年春。砲身の球形基部と砲口制退器の様子がはっきり見える。奥には88mm対戦車砲のPak43とPak43/41が並んでいる。（ASKM）

31：射撃陣地にあるドイツ第36歩兵師団第36戦車猟兵大隊の75/55mm対戦車砲Pak41。東部戦線、バラーノヴィチ地区、1944年春。砲には冬季迷彩が施されている。（RGAKFD）

75㎜対戦車砲Pak97/38
7.5㎝ Panzerabwehrkanone 97/38

　ソ連のT-34中戦車とKV重戦車を目の当たりにしたドイツ軍は、これらの戦車と戦える兵器の開発に急ぎ着手した。そのひとつの措置は、フランスの75㎜野砲1897年型の砲身を使用することであった――ドイツ国防軍はポーランドとフランスでの作戦でこれらの砲を数千門も捕獲していた（ポーランドはこれらの砲をフランスから1920年代にかなり大量に購入していた）。そのうえ、この砲に使用する大量の弾薬がドイツ軍の手に渡っていた――フランスだけでもその数は550万発に上った！

　これらの砲は、ポーランドからのものは7.5㎝ F.K.97(p)、フランスからのものは7.5㎝ F.K.231(f) の制式名でドイツ国防軍の兵装として支給された。両者の違いは、ポーランド砲が木製のスポークホイールを履いている点にあった――このような形でフランスで生産されたのは第一次世界大戦期のことで、ポーランド軍は砲の輸送に馬匹を用いた。フランス軍に配備されていた砲は1930年代に改良が施され、ゴムタイヤを装着した金属製の車輪が取り付けられ、牽引車を使えば最大40㎞/hで運行することが可能となっていた。F.K.97(p) も F.K.231(f) も限られた数が二次的な師団に配備され、

32：1930年代初頭に改良された（新型照準装置と空気タイヤを装備）フランスの牽引車付75㎜砲1897年型Unic P107。1940年5月の戦闘時にフランスのある都市の街路に遺棄されていたもの。後にこれらの砲の一部はドイツ軍の手で対戦車砲Pak97/38に改造された。（ASKM）

またフランスとノルウェーの沿岸警備のために運用された。例えば1944年3月1日時点のドイツ国防軍内にあったF.K.231(f)は683門を数え（このうち300門がフランス、2門がイタリア、340門が東部戦線、41門がノルウェーに配備）、そして26門のポーランド砲F.K.97(p)は東部戦線で使用された。

1897年型砲の対戦車運用が困難だった理由は何よりもまず、砲架が単脚のために方向射界がわずか6度に過ぎなかった点にある。そこでドイツ軍は75㎜フランス砲の砲身に制退器をかぶせ、50㎜Pak38の砲架に搭載して新しい対戦車砲を造り出した。これには7.5㎝ Pak97/38の制式名が与えられた。ただし、その価格は9,000ライヒスマルクとかなり高かった。この砲はピストン式閉鎖機を備えていたが、その速射性は毎分最大12発にとどまった。用いられた弾薬は、ドイツ軍が開発した徹甲弾PzGrと成形炸薬弾HL.Gr 38/97があった。榴弾はフランス製のみが使用され、そのドイツ国防軍内の制式名はSprGr230/1(f)とSprGr233/1(f)である。

Pak97/38の生産が始まったのは1942年の初めで、1943年の7月には中止された。しかも最後の160門はPak40の砲架に搭載され、制式名もPak97/40となっていた。これはPak97/38に比べてより重くなったが（1,270kgから1,425kgへ）、射撃性能に変化はなかった。全部で1年半の量産期に製造されたPak97/38とPak97/40は3,712門を数えた。これらの砲は歩兵師団やその他いくつかの師団

33：モスクワ市ゴーリキー記念中央文化保養公園の戦利機器兵器展に展示された75㎜対戦車砲Pak97/38を見学する赤軍将校たち。1943年6月。防楯の構造と砲口制退器がはっきり分かる。（ASKM）

34：赤軍部隊が攻撃の際に撃破、鹵獲した75mm対戦車砲Pak97/38。カリーニン方面軍、1942年。砲口制退器の構造がよく分かる。（ASKM）

35：戦闘の合間のドイツ第185歩兵師団戦車猟兵大隊所属の75mm対戦車砲Pak97/38中隊。この砲はドイツ軍標準のグレーに塗装されている。（RGAKFD）

に所属する戦車猟兵大隊に支給された。1945年3月1日時点のドイツ国防軍部隊にはまだ122門のPak97/38とF.K.231（f）が残っていたが、そのうち前線にあったのはわずか14門に過ぎない。

　Pak97/38はソ連製の鹵獲戦車T-26の車台にも搭載され、1943年にはこのような自走砲がいくつか製造されている。

75mm対戦車砲Pak97/38の性能諸元

口径(mm)	75
戦闘重量(kg)	1,190
移動時重量(kg)	1,270
砲身長(mm)	2,722 (36.3口径)
砲腔長(mm)	2,489
砲員(人)	7
牽引速度(km/h)	40
発射速度(発/分)	10～12
最大射程(m)	10,000
照準射程(m)	2,000
射界(度)	
左右	60
上下	-8～+18
初速(m/s)	
HL.Gr38/97	540
Sprenggranate233/1 (f)	575
HL.Gr38/97装甲貫徹能力(mm)	75 (射程500m)

36：戦利品の75mm対戦車砲Pak97/38を検分している赤軍兵。ヴォルホフ方面軍、1943年冬。車輪は写真35の砲と違ってスポークホイールである。(ASKM)

38：赤軍の戦利品──中央方面軍の反攻作戦の際にオリョール地区で鹵獲された75㎜対戦車砲Pak40。1943年7月。砲身は後退した状態にあり、独特のモットリング迷彩が注目される。(ASKM)

37：戦利品の75㎜対戦車砲Pak97/38の傍に立つ赤軍将校。第1ベロルシア方面軍、1944年7月。空薬莢が砲身の先に押し込められている。(ASKM)

75㎜対戦車砲Pak50
7.5㎝ Panzerabwehrkanone 50

　75㎜対戦車砲Pak40がその重量ゆえに戦場における射撃班による移動が困難であったことから、1944年の4月にはその軽量化タイプを開発する試みがなされた。砲身は1,205㎜も切り詰められ、さらに強力な3室砲制退器が装着され、Pak38の砲架に搭載された。Pak50の制式名を与えられた新型砲の射撃にはPak40用の弾薬が使用されたが、薬莢は小さくし、発射薬の量は減らされた。テストの結果が示したところでは、Pak50の重量はPak40のそれよりも期待されたほどには減っていないことが分かった——75㎜砲身をPak38の砲架に搭載したことによって、後者のアルミ製部品をすべてスチール製に変えなければならなかったからである。そのうえ、新型砲の装甲貫徹能力ははるかに低下していたことも判明した。

　それでもPak50は1944年5月に量産が始まり、8月に入る頃には358門が製造済みであった。しかしこの後生産は中止された。Pak50が支給されたのは歩兵並びに機甲擲弾兵師団で、1944年9月以降の戦闘で運用された。

39-40：75㎜対戦車砲Pak50——Pak38の砲架にPak40の砲を短縮して搭載。（ASKM）

41：射撃陣地の75㎜対戦車砲Pak50。フランス、1944年9月。（ASKM）

41

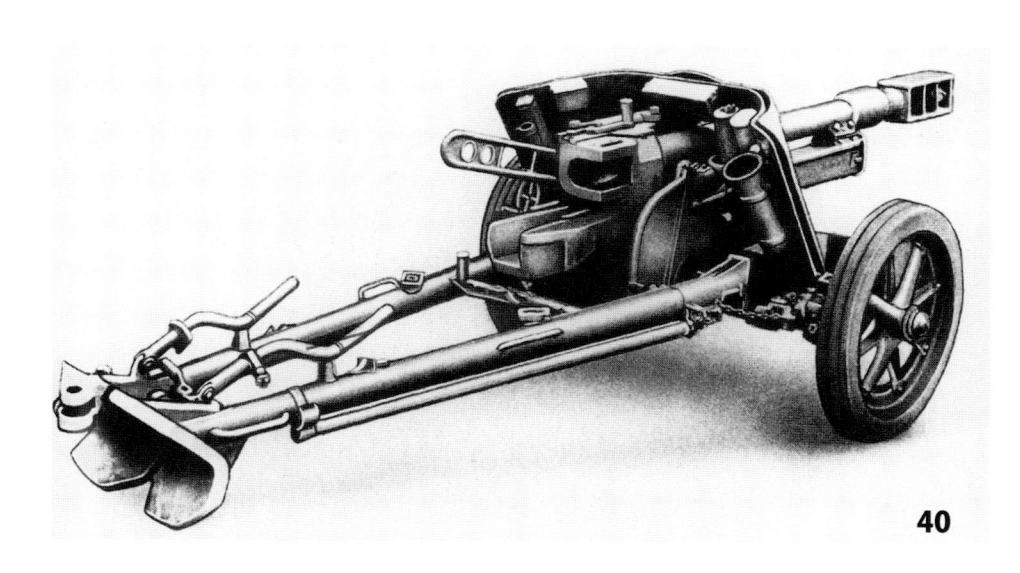

40

42：木の枝でカモフラージュされた、射撃陣地の75㎜対戦車砲Pak50。フランス、1944年9月。(ASKM)

75㎜対戦車砲Pak50の性能諸元

口径(mm)	75
戦闘重量(kg)	1,100
砲身長(mm)	2,245(30口径)
砲腔長(mm)	1,435
砲員(人)	5
牽引速度(km/h)	40
発射速度(発/分)	12～15
最大射程(m)	6,000
照準射程(m)	1,000
有効射程(m)	600
射界(度)	
左右	65
上下	-8～+27
初速(m/s)	
PzGr39	750
PzGr40	715
Sprenggranate	480
PzGr39装甲貫徹能力(mm)	75(射程500m)

76.2㎜対戦車砲Pak36(r)
7.62㎝ Panzerabwehrkanone 36(r)

　ドイツの37㎜対戦車砲Pak35/36はT-34とKVを前にしては実質的に無力であることが判明し、また50㎜対戦車砲Pak38の部隊配備数も十分でなく、しかもこれらの砲も常に効果的とは言えなかった。そこで、時間を要する、より強力な75㎜対戦車砲Pak40の量産の拡大と併行して、一時的な対戦車戦措置の模索が大急ぎで始まった。

　その出口は、ドイツ軍が戦争の初期にかなり大量に鹵獲した戦利品のソ連製76.2㎜師団砲1936年型（F-22）を活用することに見いだされた。

　F-22の開発は1934年にV・G・グラービンの設計局で始まり、曲射砲としても対戦車砲としても、そして師団砲としても運用可能な、いわゆる汎用砲システム開発の枠組みのなかで進められたものであった。最初の試作砲は1935年の6月にテストされ、その後赤軍とソ連政府の幹部が出席しての会議が開かれた。その結果汎用砲の開発作業は中止し、この砲をベースにした師団砲の開発が決定された。一連の調整作業を経て、1936年5月11日に新しい砲が76.2㎜師団砲1936年型として赤軍の兵装に採用された。製造コードF-22とされたこの砲は、断面が箱型で、リベットで留められた脚2本を持つ

43：ドイツ国防軍の兵たちが、鹵獲したソ連の76.2㎜師団砲1936年型（F-22）を検分している。北方軍集団、1941年7月。これらの戦利砲の大半をドイツ軍は対戦車砲に改造し、Pak36(r)とした。（ASKM）

砲架に搭載され、戦闘態勢時には脚が開いて（このクラスにとっては画期的なことであった）、60度の方向射界を確保したのである。半自動の鎖栓式閉鎖機の採用は、発射速度を毎分15発にまで向上させた。F-22は当初汎用砲として設計されていたため、75度というかなり大きな上下射角を有し、航空機に対する阻止射撃を行うことができた。他方、この砲の欠点としてはかなり大きな重量（1,620〜1,700kg）と外寸の大きさ、それに俯仰ハンドルと旋回ハンドルがそれぞれ閉鎖機部の左側と右側に分けて配置されていたことが挙げられる。この点は移動目標、例えば戦車に対する射撃を甚だ困難にした。F-22の生産は1937〜1939年にかけて行われ、全部で2,956門が製造された。

　ドイツ側の資料によると、1941年の夏と秋の作戦で1,000門を少し上回るF-22が戦利品として鹵獲され、さらにモスクワ近郊の戦闘では150門以上、そして1942年7月の『ブラウ（青）』作戦の過程でも100門を超えるこれらの砲（可動砲）が獲得されたとしている。76.2mm砲F-22はF.K.296(r)の制式名でドイツ国防軍の兵装に支給され、野砲として運用され（F.K.はFeldkanone―野砲の意味）、徹甲弾でもってソ連戦車を相手に十分に戦うことができた。その上、一部のF-22は対戦車砲に改造され、制式名をPanzerabwerkanone 36(russland)またはPak36(r)――『対戦車砲1936年型（ロシア式）』とされた。そしてドイツ軍はこの砲のために新たなより強力な弾薬を開発し、そのために薬室内部を削って大きくすることになった（新しい弾薬の薬莢の長さが716mmとなったのに対して、オリジナルのソ連製薬莢のそれは385mmであった）。対戦車砲にとって大きな上下射角は必要ではなかったので、俯仰システムの範囲は18度に制限され、これによって俯仰ハンドルを右側から左側に移すことが可能になった。また、Pak36(r)はその全高に応じて切り詰められた防楯と、後座力を軽減する2室砲制退器が取り付けられている。

　これらの改良によりドイツ国防軍の中には、最大1,000m先までのソ連戦車T-34とKVを相手に首尾よく戦う能力を保有する、かなり強力な対戦車砲が登場することとなった。対戦車砲Pak36(r)の生産は1942年に始まり、軍への納入は1943年の春まで行われ（自走砲用には1944年の1月まで）、ドイツ国防軍は全部でこの砲兵器を野戦砲架搭載のもので560門、自走砲用に894門を受領した。だがここで少し注意が必要だ。牽引型として製造されたものの中にはおそらく76.2mm対戦車砲Pak39(r)も含まれているようだ（次項参照）。というのも、ドイツ軍は文書の中でしばしばPak36(r)とPak39(r)の区別をしていないからだ。複数の資料によると、後者は300門に上る可能性もある。

　Pak36(r)の弾薬としてドイツ軍が開発したものには、完全弾薬

44：76.2mm対戦車砲Pak36(r)を前方から見る。1942年夏。砲口制退器と、上部が切り取られ、外側から増加装甲板を装着された防楯がはっきりと分かる。(ASKM)

45：射撃陣地に遺棄された76.2mm対戦車砲Pak36(r)。第2ベロルシア方面軍、1944年夏。閉鎖機部と俯仰ハンドル、旋回ハンドル、それに防楯の右側にはラテン文字の"B"が見える。(ASKM)

44

45

筒式の重量2.5kgの徹甲弾PzGr39と重量2.1kgのPzGr40硬芯徹甲弾（タングステン硬心）、重量6.25kgの榴弾SprGr39があった。

　Pak36(r)はPz.II Ausf.DやPz.38(t)の戦車車台にも搭載され、駆逐戦車としても運用された。野戦砲架搭載の形では主に歩兵師団に配備された。Pak36(r)は北アフリカと東部戦線での戦闘で使用された。1945年3月1日時点のドイツ国防軍にはまだ165門のPak36(r)とPak39(r)が残っており、その一部は兵器庫に保管されていた。

76.2㎜対戦車砲Pak36(r)の性能諸元

口径(mm)	76.2
戦闘重量(kg)	1,730
移動時重量(kg)	―
砲身長(mm)	3,895 (51.1口径)
砲腔長(mm)	2,934
砲員(人)	6
牽引速度(km/h)	50
発射速度(発/分)	12～15
最大射程(m)	10,400
照準射程(m)	1,500
有効射程(m)	1,200
射界(度)	
左右	60
上下	-6～+18
初速(m/s)	
PzGr39	740
PzGr40	990
Sprenggranate39	550
装甲貫徹能力(mm)	
PzGr39	120/107/96 (射程500m/1,000m/1,500m)
PzGr40	155/130/106 (射程500m/1,000m/1,500m)

46：戦利品のフランス豆戦車ルノーUEが、76.2㎜対戦車砲Pak36(r)を牽引している。東部戦線、1943年春。この砲には冬季迷彩が施されている。(ASKM)

47：赤軍部隊が遺棄した76.2mm大隊砲1939年型（F-22USV）を検分するドイツ軍兵たち。南方軍集団、1942年7月。これらの砲の一部は対戦車砲に改造され、ドイツ国防軍内でPak39(r)として使用された。（ASKM）

76.2mm対戦車砲Pak39(r)
7.62cm Panzerabwehrkanone 39(r)

F-22だけが、その堅固な砲尾装置ゆえにドイツ軍の手で対戦車砲に造りかえられたのだ、とする見方が通説となっている。しかし同じような改造は、戦争前に製造された76.2mm師団砲F-22USVにも施されていたのである。というのも、その砲尾装置と砲身の構造はF-22とほとんど変わらなかったからだ。そのうえ、この砲はF-22よりも220〜250kgほど軽量で、砲身長は710mm短かった。

赤軍用の新たな76.2mm師団砲の開発は1938年に始まった。それまで生産されていたF-22はあまりに複雑にして高価であり、重量が大きかったからだ。F-22USV（F-22 usovershenstvovannaya［F-22改良型の意］）の設計は、V・グラービン指導下の設計局において最短期間で進められた——作業開始からすでに7カ月後には試作砲が出来ていた。これが達成できたのは、新型砲の部品の50％以上がF-22のものを使用していたからだ。F-22同様、F-22USVは鎖栓式半自動閉鎖機を持ち、毎分15発に上る発射速度を有し、またリベット接合砲脚の砲架が方向射界最大60度の射撃を可能にしていた。駐退復座装置や防楯、上部並びに下部砲架、俯仰・旋回機構（F-22同様、それぞれのハンドルは砲身に対して別々の側にあった）、サスペンションの構造が変わり、ZIS-5自動車の車輪が装着さ

48：東プロイセンで赤軍部隊が鹵獲した76.2㎜対戦車砲Pak39(r)。第3ベロルシア方面軍、第3軍進撃地帯。砲身は後座状態にあり、"オリジナルの"車輪は径の小さな車輪に替えられていた。フロントヴァヤ・イリュストラーツィヤシリーズ"Штурм Кенигсберга"(邦訳版『死闘 ケーニヒスベルク』p.78、写真60)では、この砲は誤って105㎜砲leFH18/42としていたので訂正したい。(ASKM)

れた。1939年秋のテストの後、この新型砲は76.2㎜師団砲1939年型（USV）として赤軍の兵装に採用された。1939年と1940年の間にF-22USVは1,150門、1941年は2,661門、1942年は6,046門生産された。さらに1941年～1942年の間に6,890門がスターリングラードの第221工場『バリカーディ』［バリケードの意］でUSV-BRの製造コードで生産されたが、これらはゴーリキー市（現ニージニー・ノヴゴロド市）第92工場製のF-22USVとは一連の部品が異なっていた。

　独ソ戦の最初の年は、かなり多数の76.2㎜ F-22USVとUSV-BRが戦利品としてドイツ軍の手に渡った。それらはドイツ国防軍の兵装にF.K.296(r)の制式名で野砲として支給された。ところが、テストを実施したところ、これらの砲は装甲貫徹能力をかなり上げれば、対戦車砲として十二分に活用できることが明らかとなった。

　ドイツ軍はF-22USVの薬室を、Pak36(r)用に開発された弾薬に適合するように削り、砲身には2室砲制退器を装着し、俯仰ハンドルを左側に移し変えた。このように改造をされた砲はPanzerabwehrkanone 39(russland) またはPak39(r)──『対戦車砲1939年型（ロシア）』の制式名を与えられ、ドイツ国防軍の対戦車部隊に配備されるようになった。しかも改造されたのは1940年～1941年に製造された砲に限られた──ドイツ軍が実施したUSV-BRと76㎜ ZIS-3、それに1941年夏以降製造のF-22USVのテストは、これらの砲の薬室が戦前製の砲ほど堅固ではないことを明らかに

し、それらをPak39(r)に改造することは不可能だったからである。

あいにく、Pak39(r)の生産数をあぶりだすことは出来なかった——ドイツ軍はしばしばこれらの砲をPak36(r)と区別しなかったからだ。複数の資料によれば、この砲は全部で300門ほど生産されたようだが、正確な資料はない。

また、Pak39(r)の弾道データや装甲貫徹能力に関するデータも欠けている。分かっているのは、1943年の4月から5月にかけてスヴェルドロフスク演習場で実施されたこのタイプの戦利砲のテストの際、その砲弾がKV重戦車の装甲厚75mmの前面装甲板を距離600mから命中角30度で貫徹したことだけである。

76.2mm対戦車砲Pak39(r)の性能諸元

口径(mm)	76.2
戦闘重量(kg)	1,500
砲身長(mm)	3,895(51.1口径)
砲腔長(mm)	2,934
砲員(人)	6
牽引速度(km/h)	40
発射速度(発/分)	12〜15
最大射程(m)	9,500
照準射程(m)	1,000
射界(度)	
左右	60
上下	-6〜+18
初速(m/s)	データなし
装甲貫徹能力(mm)	データなし

49：赤軍部隊に鹵獲され、後方に自動車ヴィリス［ウィリス］によって引かれていく76.2mm対戦車砲Pak39(r)。1944年 夏。写真48とは異なり、この砲は自動車ZIS-5用の"オリジナルの"車輪を履いたままである。（M・スヴィーリン氏蔵）

50-51：運行姿勢の88㎜対戦車砲Pak43。写真51では十字型砲架のアウトリガーアームがすでに展開され、これを支柱が先端で支えている。車輪を外して地面に設置されるまでは、この姿勢にされていた。本砲は88㎜対空砲Flak36に車輪をつけた初期改造型である。（ASKM）

88㎜対戦車砲Pak43
8.8cm Panzerabwehrkanone 43

　新型の88㎜対戦車砲の設計はすでに1942年秋にラインメタル・ボルジヒ社によって始められ、その際同じ口径の対空砲Flak41の弾道が基礎に据えられた。しかし同社は他の注文が山積していたため、Pak43の制式名を与えられた88㎜対戦車砲の仕上げと生産はヴェーザーヒュッテ社（Weserhutte）に移された。

　Pak43は全長ほぼ7mの砲身を持ち、強力な砲制退器と鎖栓式半自動閉鎖機を備えていた。対空砲からは十字型の砲架を引き継ぎ、それに移動用の2本からなる走行車輪を2組装着していた。このような構造は砲の重量を重くしたが、対戦車戦において軽視できない水平軸での全周射撃を可能にした。砲の水平軸の調整は砲架の縦梁の端にある専用ジャッキによって行われる。射撃班を銃弾と砲弾の破片から守るために厚さ5㎜の防楯が、垂直軸に対して大きな角度を付けて装着されている。砲の重量は4.5tを上回っているため、その牽引には8t半装軌式牽引車Sd.Kfz.7のみが想定された。

Pak43の弾薬には完全弾薬筒式の徹甲弾（PzGr39/43、重量10.2kg）、タングステンカーバイト硬芯を持つ硬芯徹甲弾（PzGr40/43、重量7.3kg）、成形炸薬弾（HL Gr）、榴弾（SprGr）が含まれている。この砲は非常に優れた性能を有し、すべての種類のソ連、米国、英国の戦車を2,500m以上の距離から難なく撃破することができた。

　Pak43は射撃時に大きな負荷が生じることから、砲身の耐用期間は長くなく、1,200〜2,000発であった。それに、以前に生産された砲弾は後に生産されるものに比べて弾帯が狭く、砲身の寿命を800〜1,200発にまで縮めていた。

　ヴェーザーヒュッテ社が一連の理由からPak43の量産を整えることができたのは、最初の6門の量産モデルができた1943年12月のことであった。これらの砲は終戦まで生産され、独立戦車猟兵大隊の兵装として支給された。1945年4月1日までに全部で2,098門のPak43が製造された。野戦砲架以外にも、少数（約100門）のPak43の砲身が1944年から1945年の間に駆逐戦車ナースホルン

52-53：射撃姿勢の88mm対戦車砲Pak43。アウトリガーアームの支柱はたたまれて、砲を固定するため、3つの羽根を持つ4本の杭が砲架の桁の端にある専用の孔に挿入されて、ハンマーで地面に打ち込まれている。（ASKM）

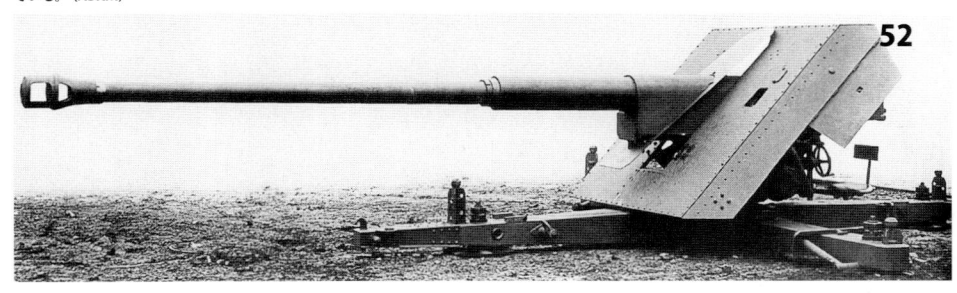

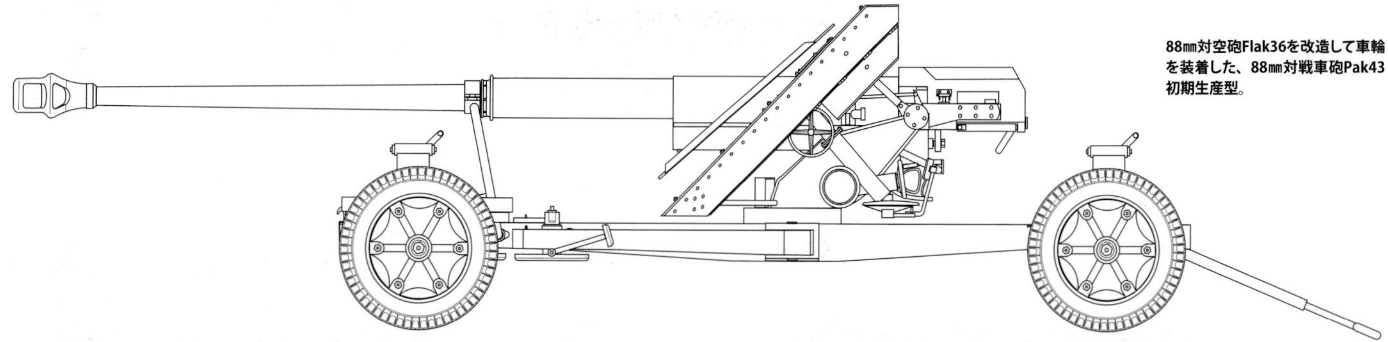

88mm対空砲Flak36を改造して車輪を装着した。88mm対戦車砲Pak43初期生産型。

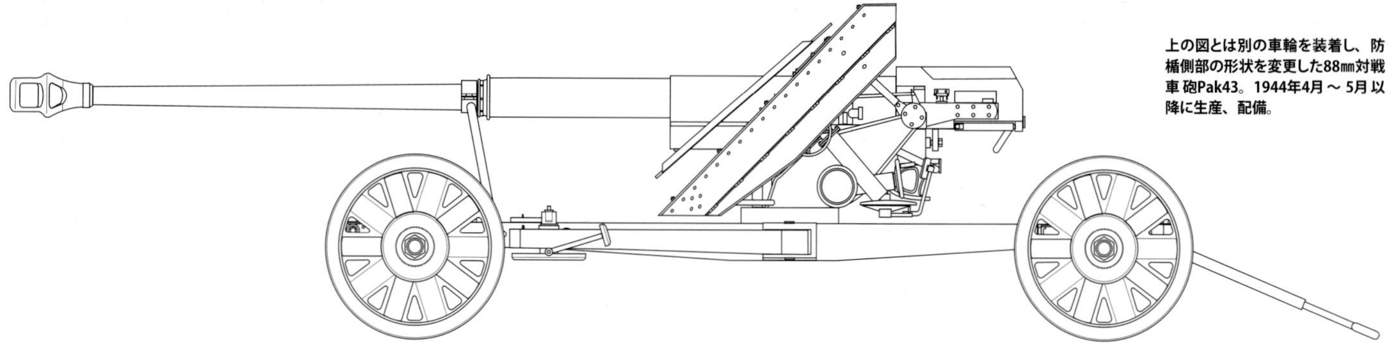

上の図とは別の車輪を装着し、防楯側部の形状を変更した88mm対戦車砲Pak43。1944年4月〜5月以降に生産、配備。

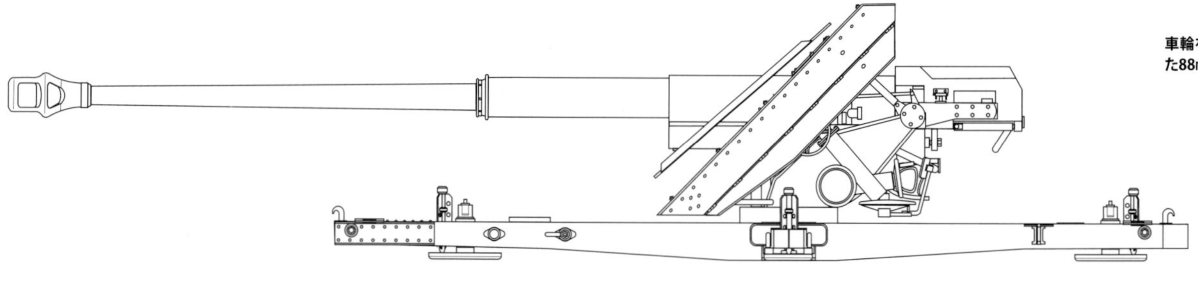

車輪を外し、十字型砲架を展開した88mm対戦車砲Pak43。

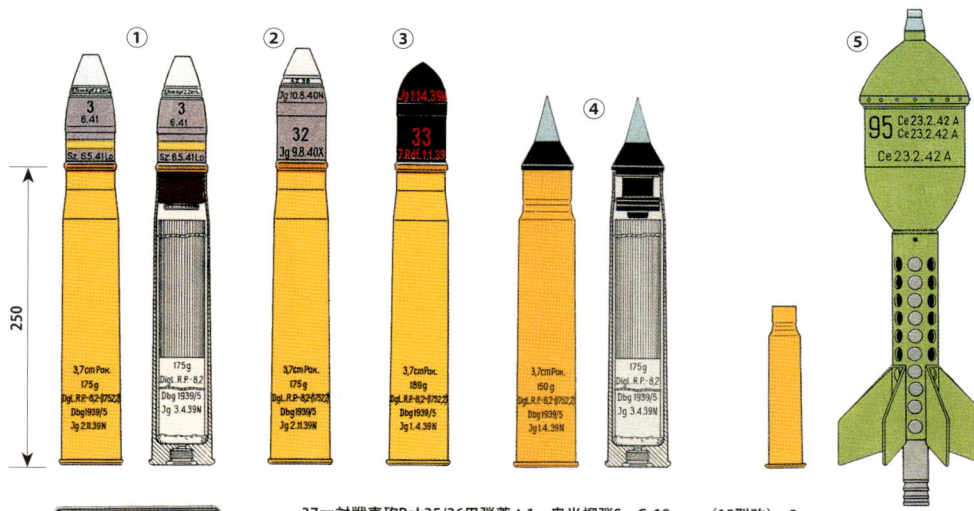

37mm対戦車砲Pak35/36用弾薬：1―曳光榴弾SprGr18umg（18型改）、2―曳光榴弾SprGr40、3―曳光徹甲弾PzGr、4―曳光硬芯徹甲弾PzGr40、5―37mm対戦車砲Pak35/36用外装式成形炸薬榴弾Stielgranate 41とその空砲弾（左）、6―37mm対戦車砲Pak35/36用弾薬12発入鉄箱、7―37mm対戦車砲Pak35/36用弾薬24発入編籠ケース、8―外装式成形炸薬榴弾Stielgranate 41用鉄筒

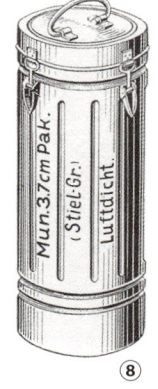

50mm対戦車砲Pak38用弾薬：9―榴弾SprGr38、10―曳光徹甲弾PzGr、11―曳光徹甲弾PzGr39、12―曳光硬芯徹甲弾PzGr40、13―曳光硬芯徹甲弾PzGr40/1、14―50mm対戦車砲Pak38用弾薬4発入鉄箱

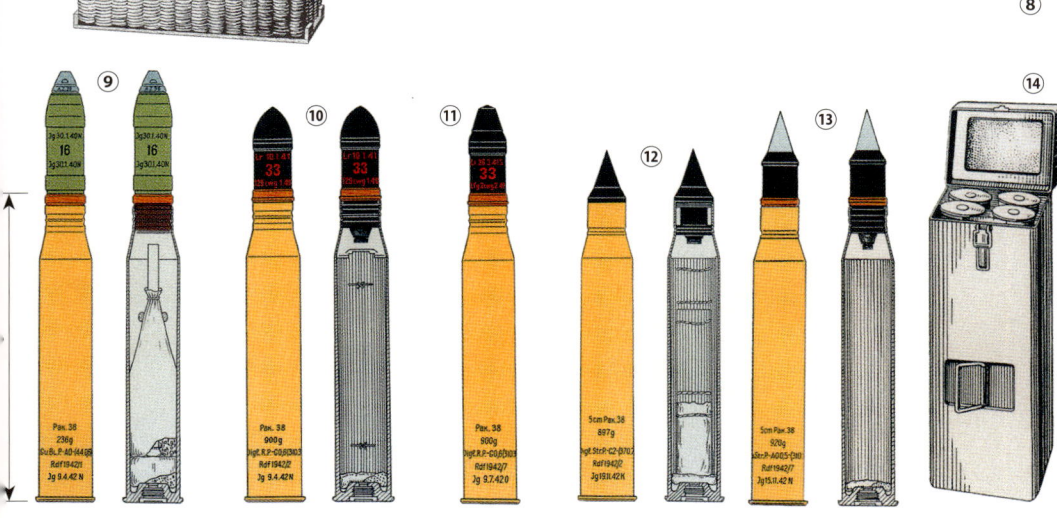

49

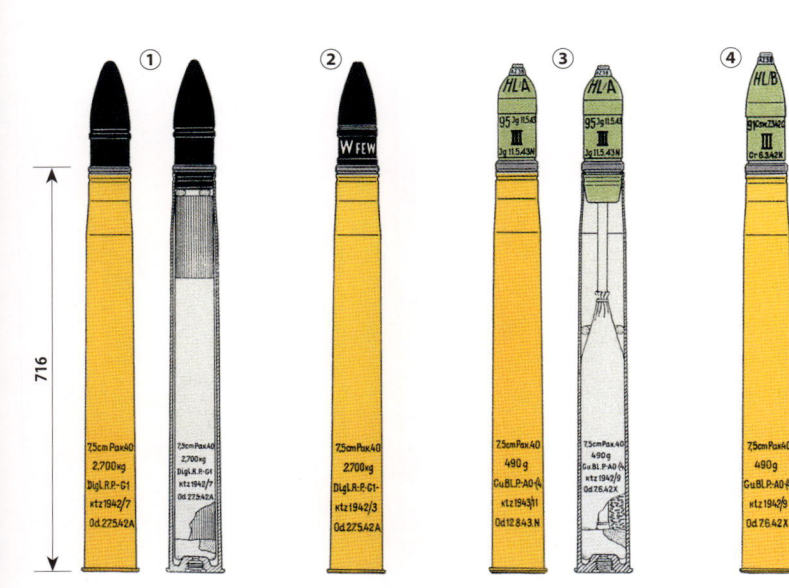

75mm対戦車砲Pak40用弾薬：1—曳光徹甲弾PzGr40、2—曳光徹甲弾PzGr40W、3—成形炸薬弾38HL/A、4—成形炸薬弾38HL/B、5—曳光榴弾SprGr 34、6—曳光徹甲弾PzGr39

76.2mm対戦車砲Pak36(r) 及びPak39(r) 用弾薬：7—曳光榴弾SprGr38、8—訓練用曳光榴弾SprGr39Ub、9—曳光成形炸薬弾38HL/B、10—曳光徹甲弾PzGr39、11—曳光硬芯徹甲弾PzGr40、12—訓練用徹甲曳光弾PzGr39 rot Ub

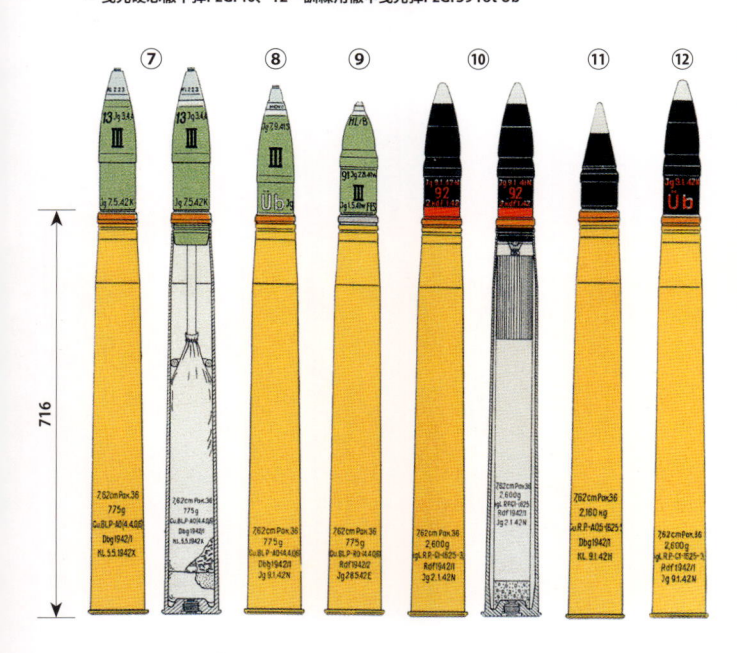

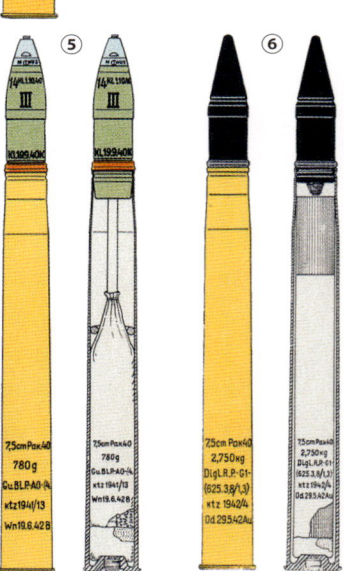

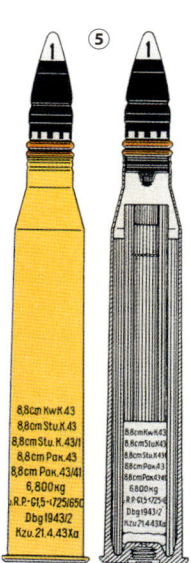

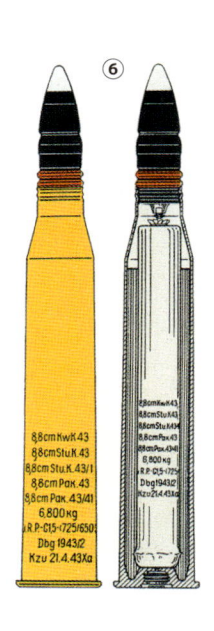

1—75mm対戦車砲Pak97/38用弾薬3発入木箱、2—75mm対戦車砲Pak40用弾薬3発入木箱、3—76.2mm対戦車砲Pak36(r)及びPak39(r)用弾薬単発入鉄筒、4—75mm対戦車砲Pak40用弾薬単発入鉄筒

88mm対戦車砲Pak43及びPak43/41用弾薬：5—曳光徹甲弾PzGr39-1、6—曳光徹甲弾PzGr39/43、7—榴弾SprGr Flak41(旧型)、8—榴弾SprGr43、9—成形炸薬弾39HL、10—成形炸薬弾39/43HL

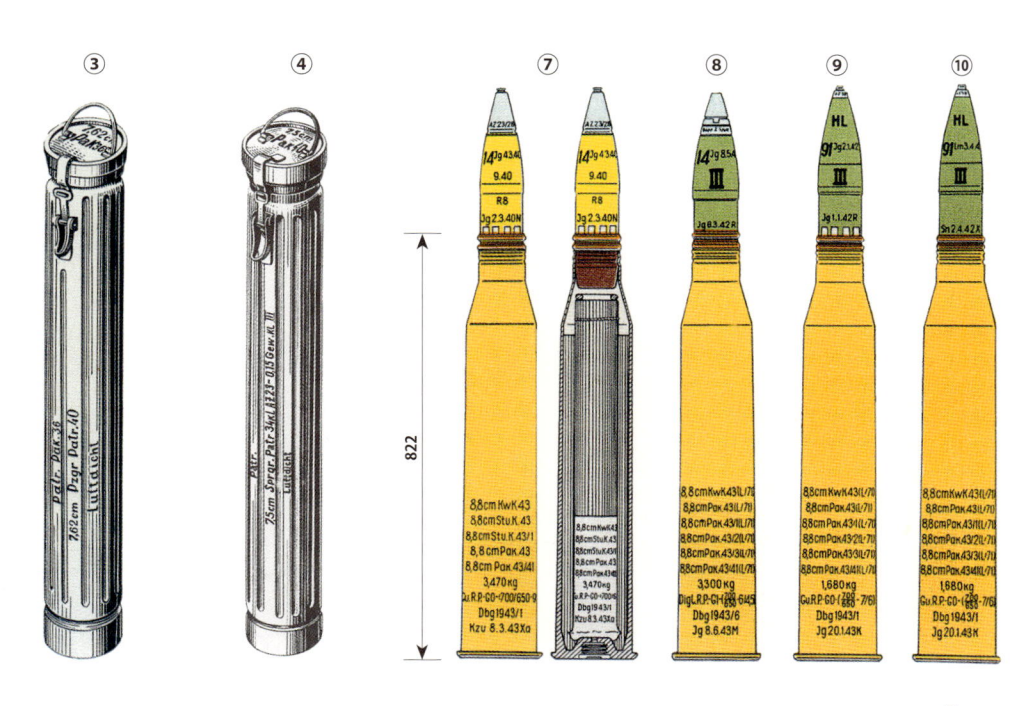

51

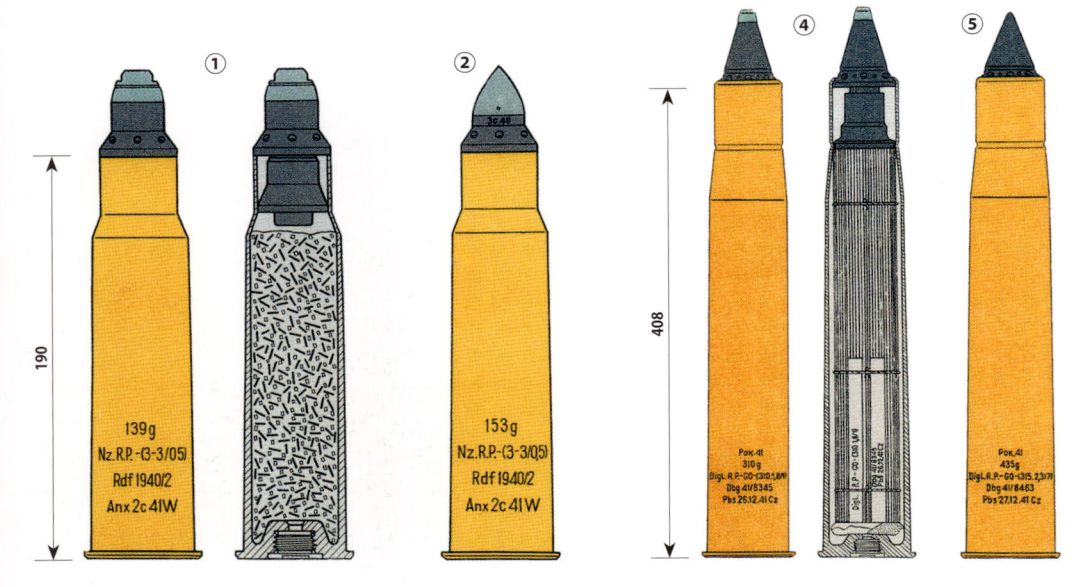

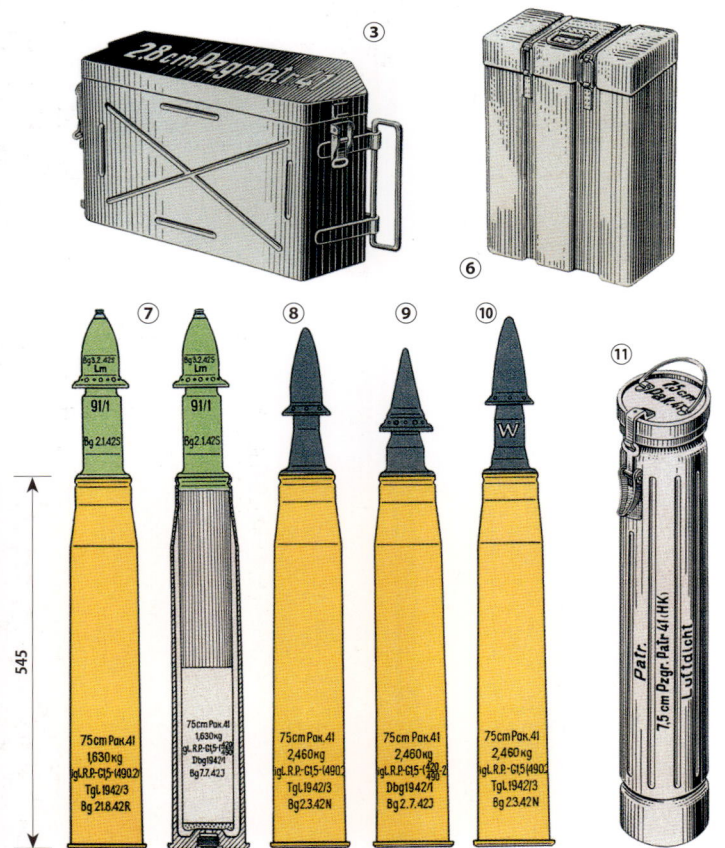

28/20㎜対戦車重ライフルs.Pz.B.41用弾薬：1—榴弾SprGr41、2—曳光硬芯徹甲弾PzGr41、3—28/20㎜対戦車重ライフルs.Pz.B.41弾薬12発入鉄箱

42/28㎜対戦車砲Pak41用弾薬：4—曳光榴弾SprGr41、5—曳光硬芯徹甲弾PzGr41、6—42/28㎜対戦車砲Pak41弾薬10発入鉄箱

75/55㎜対戦車砲Pak41用弾薬：7—曳光榴弾SprGr41、8—曳光硬芯徹甲弾PzGr41（HK）、9—曳光硬芯徹甲弾PzGr41（StK）、10—曳光硬芯徹甲弾PzGr41（W）、11—75/55㎜対戦車砲Pak41弾薬単発入鉄筒

52

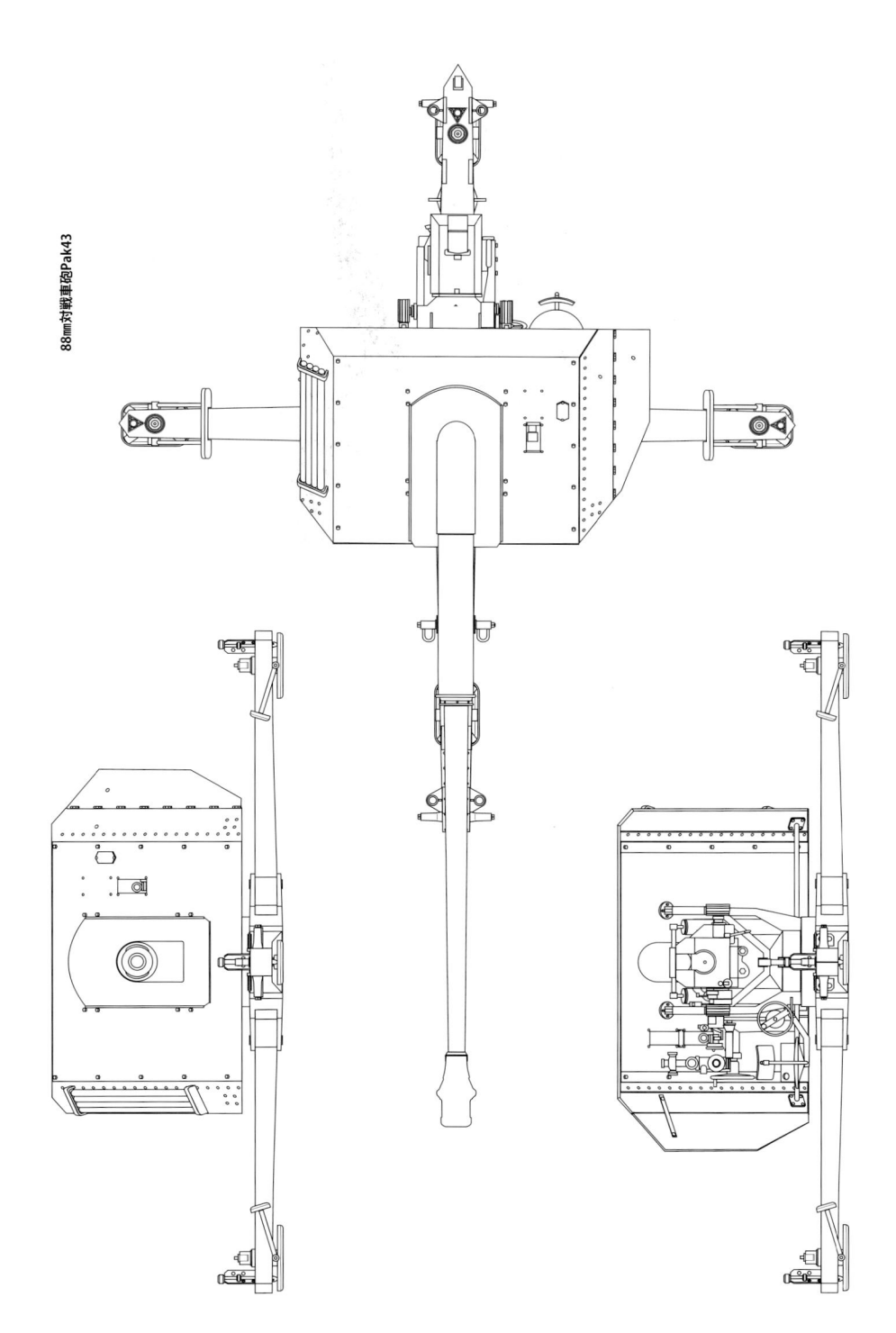

88mm対戦車砲Pak43

54：牽引態勢の88㎜対戦車砲Pak43。写真50～53の砲と比べると、このPak43は車輪の構造が違い、防楯の側部の形状も多少変っている。このタイプは1944年の春から終戦まで製造された。（ASKM）

（Pz.Ⅳベース）に搭載された。

　Pak43が第二次世界大戦最強の対戦車砲であり、ソ連の100㎜BS-3にも劣らなかったことに疑いの余地はない（ただし、数十門生産された128㎜ Pak80は除く）。だが、対戦車戦における大きな効果は、大きな重量と戦場での実質的にゼロに近い移動能力を代償として払わなければならなかった──Pak43の車輪の装着（または取り外し）に要する時間は1分間どころではすまなかった。それは戦場ではしばしば兵器と兵員の損失につながった。

88mm対戦車砲Pak43（8.8cm Panzerabwehrkanone 43 L/71）の性能諸元

口径 (mm)	88
戦闘重量 (kg)	4,240
移動時重量 (kg)	4,750
砲身長 (mm)	6,610/砲制退器なし―6,280（71口径）
砲員 (人)	11
牽引速度 (km/h)	45
発射速度 (発/分)	8～10
最大射程 (m)	15,150
照準射程 (m)	2,500
有効射程 (m)	2,000
射角 (度)	
左右	360
上下	-8～+40
初速 (m/s)	
PzGr39/43	1,000
PzGr40/43	1,130
Sprenggranate	950
装甲貫徹能力 (mm)	
PzGr39/43	207/190/174/159（射程500m/1,000m/1,500m/2,000m）
PzGr40/43	265/240/210/182（射程500m/1,000m/1,500m/2,000m）

55：ベルリンから南東の道路に、車輪を付けたまま遺棄されていた88mm対戦車砲Pak43。1945年4月。移動時に使用する砲固定具の形がよく分かる。（ASKM）

88㎜対戦車砲Pak43/41
8.8㎝ Panzerabwehrkanone 43/41)

　十字型砲架を持つ88㎜対戦車砲の量産が遅延していたことに伴い、ドイツ国防軍指導部はラインメタル・ボルジヒ社に対して、東部戦線で準備されていた1943年夏の作戦に必要なこれらの砲を軍に配備すべく、至急措置を講じるよう指示した。

　同社はこの作業を加速するために、150㎜重榴弾砲s.F.H.18の車輪を持つ自社の試作砲105㎜ K.41の砲架を活用し、それにPak43の砲身を搭載した。こうして新たな対戦車砲が出来上がり、制式名はPak43/41とされた。

　この砲は左右に開ける双脚の砲架を持つため、方向射界56度を実現することができた。砲員を銃弾と砲弾の破片から守るために上部砲架に防楯が固定された。砲の重量はPak43より小さいとはいえ4,380kgもあったが、戦場で砲員が移動させることができないほどではなかった。Pak43/31の弾道性能と使用弾薬はPak43と同じである。

　新型砲の生産は1943年の2月に始まり、そのときは23門のPak43/41が組み立てられた。だが数日後にそれらはホルニッセ駆逐戦車（後にナースホルンに改称）の兵装に回された。88㎜対戦車砲がまずはホルニッセの主砲用とされたため、野戦砲架式の最初のPak43/41が部隊配備されたのはようやく1943年4月のことであった。これらの砲の生産は1944年の春まで続き、合計して1,403

56：シュプレンベルクの教習所における88㎜対戦車砲Pak43/41砲員の教習風景。1943年9月。この写真では砲尾装置の構造と照準装置、旋回・俯仰ハンドルが明瞭に視認できる。制服の袖章から、この兵は沿岸防衛部隊に所属していたことが分かる。（RGAKFD）

57：オリョール市内の88㎜対戦車砲Pak43/41。1943年7月。両脚の駐鋤が上げられているので、砲の移動準備が進められているところだろう。（RGAKFD）

58：前方から見た88㎜対戦車砲Pak43/41。防楯には二色迷彩が施されていたのが認められる（ASKM）

57

58

57

59

59：撤退時にドイツ軍によって遺棄された88㎜対戦車砲Pak43/41。白色の冬季迷彩が施されている。第2バルト方面軍、1944年冬。(ASKM)

60：新しい射撃陣地へ移動する88㎜対戦車砲Pak43/41。1944年1月、スモレンスク地区。この砲はおそらく、8t半装軌式牽引車Sd.Kfz.7に牽引されているものと思われる。(RGAKFD)

60

門のPak43/41が製造された。

　Pak43と同じく、これらの砲は独立戦車猟兵大隊に支給された。1945年3月1日時点の前線には1,049門の88㎜対戦車砲（Pak43とPak43/41）があり、さらに135門が兵器庫や予備部隊の中に残っていた。Pak43/41はその大きさの故に、将兵の間で"ショイネントーア（Scheunentor）"（倉庫の門）というニックネームが付けられた。

88㎜対戦車砲Pak43/41の性能諸元

口径（mm）	88
戦闘重量（kg）	4,380
移動時重量（kg）	4,380
砲身長（mm）	6,610/砲制退器なし―6,280（71口径）
砲腔長（mm）	―
砲員（人）	9
移動速度（km/h）	40
発射速度（発/分）	8～10
最大射程（m）	15,150
照準射程（m）	2,500
有効射程（m）	2,000
射角（度）	
左右	56
上下	-5～+38
弾薬及び弾道性能はPak43に同じ	

61：ブリャンスク方面でのソ連側反攻作戦中に赤軍部隊が鹵獲した88㎜対戦車砲Pak43/41。これはソ連軍部隊が最初に捕獲したPak43/41の一部かもしれない。左手には大破した76.2㎜対戦車砲Pak36(r)が見え、これらの砲はダークイエローに塗装されている。ブリャンスク方面軍、1943年8月。（ASKM）

駐鋤をたたんだ状態の88mm対戦車砲Pak43/41の側面図。

防楯と左の脚を除いた88mm対戦車砲Pak43/41の側面図。

88mm対戦車砲Pak43/41の駐鋤を展開した状態。

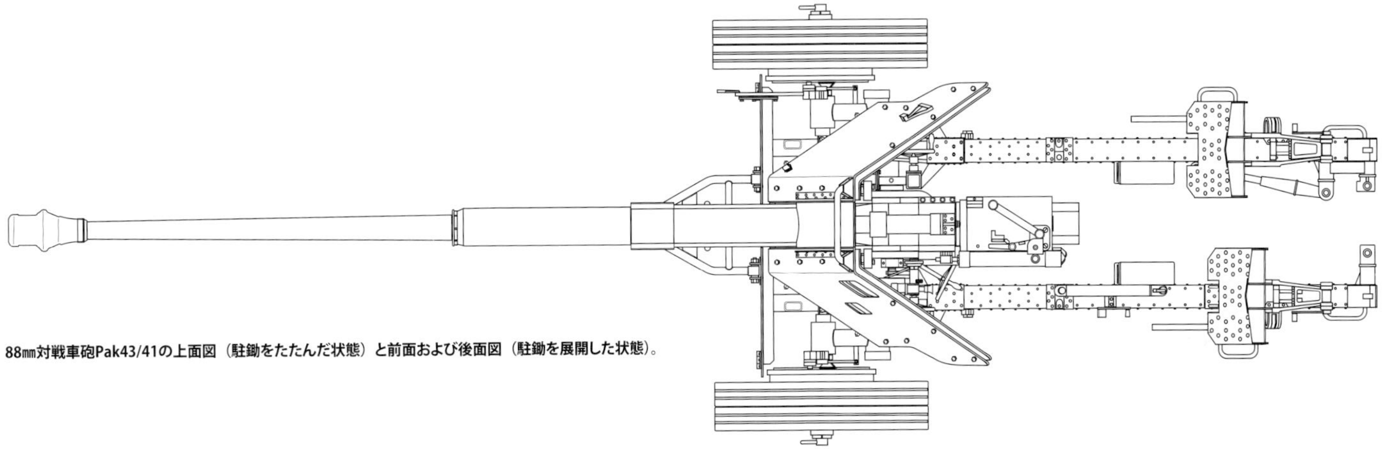

88mm対戦車砲Pak43/41の上面図（駐鋤をたたんだ状態）と前面および後面図（駐鋤を展開した状態）。

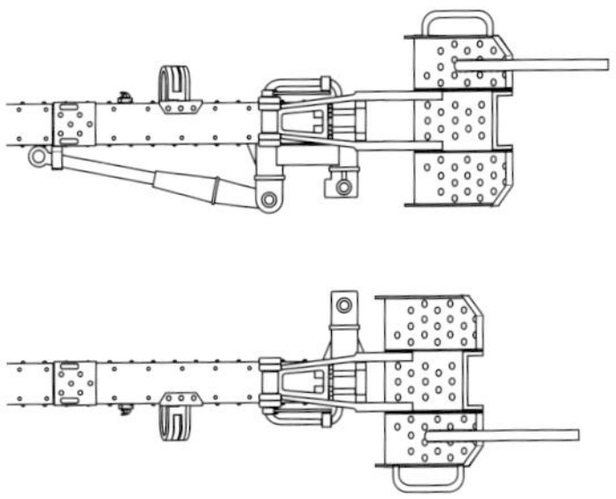

展開した駐鋤を上から見る。

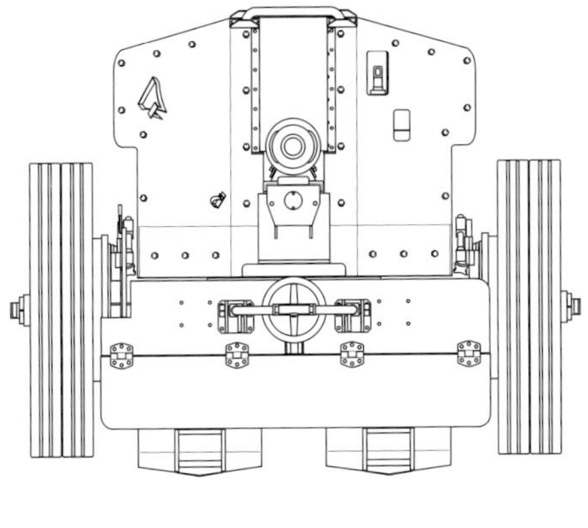

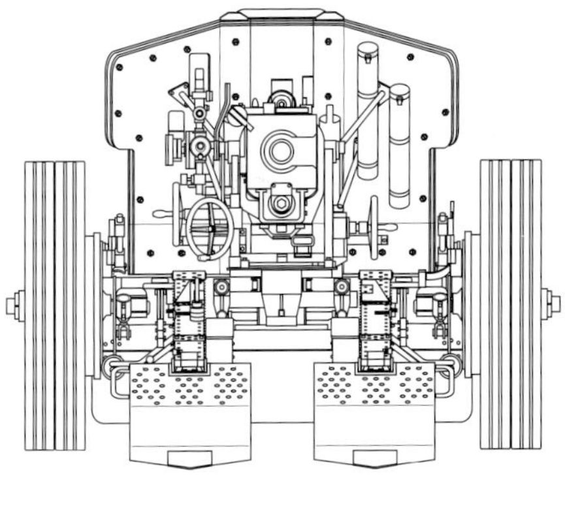

62

63

62-63：ドイツ軍が射撃陣地に遺棄した88㎜対戦車砲Pak43/41。第1バルト方面軍、1944年10月。砲尾装置と駐鋤のディテールがよくわかり、88㎜砲の弾薬も確認できる写真。(ASKM)

128㎜対戦車砲Pak44、Pak80
12.8㎝ Panzerabwehrkanone 44 und 80

　128㎜対戦車砲の設計は1943年に始まり、そのベースとしては弾道特性の良かった高射砲Flak40が用いられた。最初の試作砲がクルップ社とラインメタル・ボルジヒ社によって製造されたが、テストの後に量産に採用されたのはクルップ社のもので、それは1943年の12月にPak44の制式名で製造が開始され、1944年3月までに18門が造られた。

　この砲は専用に設計された十字型砲架に搭載され、方向射界360度の射撃が可能であった。半自動閉鎖機を備えているため、砲弾装薬分離型の弾薬を使用していたにもかかわらず、毎分最大5発もの発射速度を有した。Pak80の移動には4つのゴムタイヤ車輪が装着され、最大時速35㎞で牽引できた。10tを超える重量のために、この砲を牽引できるのは12tまたは18tの半装軌式牽引車のみであった。

　Pak44の弾薬には砲弾装薬分離型の重量28.3㎏の徹甲弾、28㎏の榴弾が含まれていた。Pak44の装甲貫徹能力は距離1.5㎞で200㎜であった。これは、いかなるソ連、米国、英国戦車をも、それら

64：クルップ社製の128㎜砲K81/2
　　──戦利品のソ連製152㎜曲射・
　　平射砲ML20にPak80の砲身を搭
　　載。（ASKM）

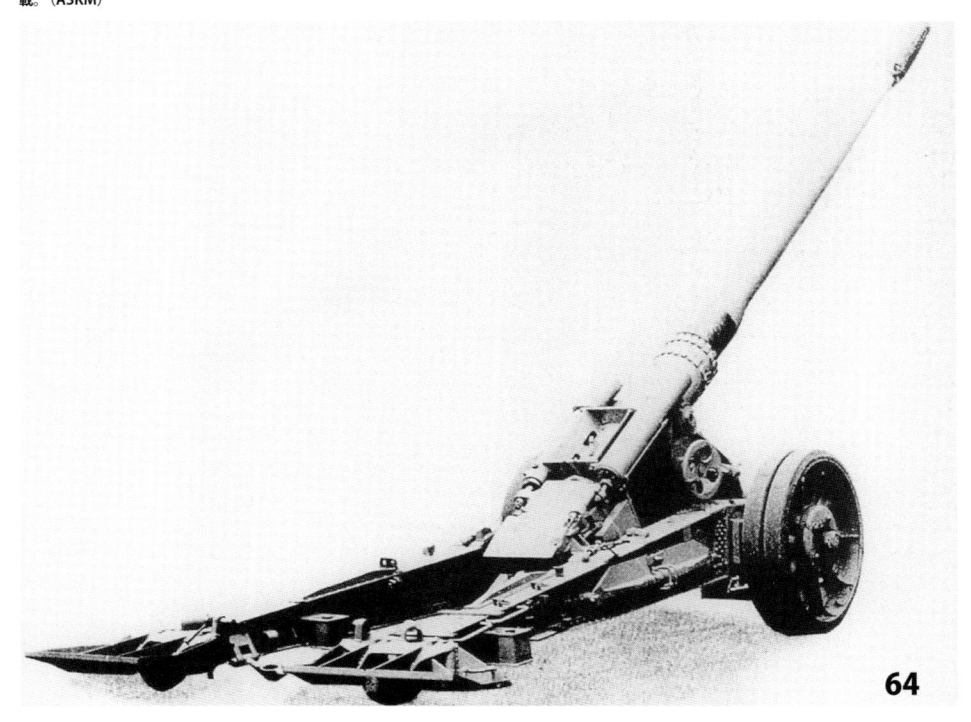

65

65

にとっての最大射程外から撃破することを可能ならしめるものだ。それに、砲弾の重量が大きいため、これが戦車に命中すると、装甲を貫徹せずとも、90％のケースにおいて戦車はやはり機能を喪失した。

　1944年2月、128mm対戦車砲Pak80の生産が始まった。Pak44との主な違いは砲口制退器の欠如であり、これらの砲は重駆逐戦車

65：移動用の車輪を上げて十字型砲架を地面に固定した、射撃態勢のラインメタル・ボルジヒ社製128mm対戦車砲Pak44。（ASKM)

66：4つの車輪を降ろして後部砲架にも車輪を装着した、運行姿勢のラインメタル・ボルジヒ社製128mm対戦車砲Pak44。（ASKM)

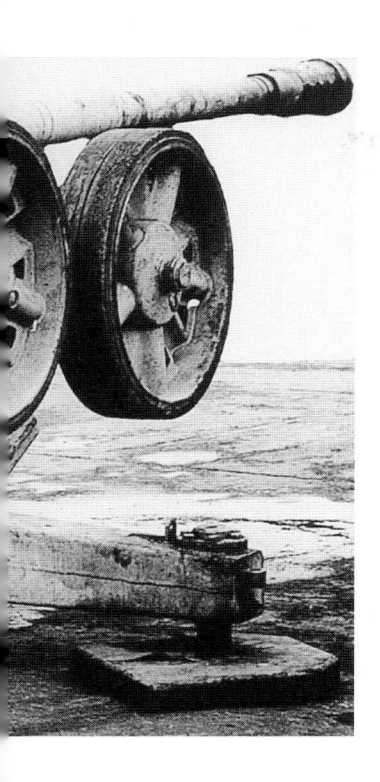

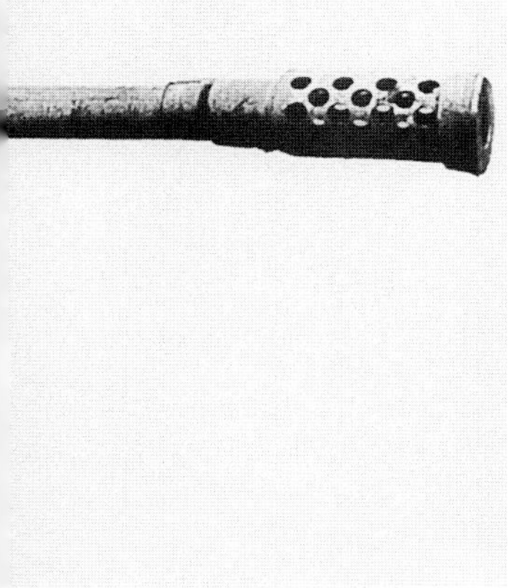

ヤークトティーガーとマウス戦車の主砲に使われた。1944年の春にクルップ社は、それぞれK81/1及びK81/2の制式名が付けられた2つの試作砲を造った。前者はPak80の砲身を戦利品のフランス製GPF155mmカノン砲の砲架に搭載したものである。重量12,197kgのそれは、60度の方向射界を持っていた。この砲に使用された弾薬はPak80用のものと同じである。

128mm K81/2は砲制退器を備えたPak80の砲身を戦利ソ連製152mm曲射・平射砲ML-20の砲架に搭載したものである。K81/1に比べると、この砲は8,302kgと軽量で、方向射界は58度であった。

1944年10月25日、ヒットラー総統の本営において52本のPak80砲身をフランス製、ソ連製の砲架に載せ、それらを対戦車砲として運用する決定が下された。11月8日は独立128mm対戦車砲中隊（12.8cm Kanonen-Batterie）の編制が定められ、その中にはK81/1とK81/2が各6門含められた。11月22日までにこのような中隊が4個（第1092、第1097、第1124、第1125）編成され、それらの中には合計して10門の128mm砲があった（K81/2が7門、K81/1が3門）。後にこれら中隊内の砲の数は増えたが、定数にはついに至らなかった。

1944年の4月から1945年1月にかけてクルップ社がブレスラウで製造したPak80は132門を数え、そのうち80門がヤークトティーガーとマウスへの搭載と乗員たちの訓練のために使用された。残りの52門は野戦砲架に載せられ、K81/1及びK81/2の制式名で、西部戦線において独立砲兵中隊の中で対戦車砲として運用された。

128mm対戦車砲Pak80（フランス製155mm砲K81/1砲架搭載）の性能諸元

口径(mm)	128
戦闘重量(kg)	12,197
砲身長(mm)	7,040（55口径）
砲腔長(mm)	6,625
砲員(人)	15
牽引速度(km/h)	35
発射速度(発/分)	5
最大射程(m)	24,400
照準射程(m)	4,000
有効射程(m)	2,500
射角(度)	
左右	60
上下	-4〜+45
初速(m/s)	
PzGr	950
Sprenggranate	750
PzGr装甲貫徹能力(mm)	265/230/200/172（射程500m/1,000m/1,500m/2,000m：命中角30°）

67

68

69

67：クルップ社製の128mm砲K81/1——戦利品のフランス製GPF155mmカノン砲にPak80の砲身を搭載。（ASKM）

68-69：運行姿勢（写真68）と射撃姿勢（写真69）のクルップ社製128mm対戦車砲Pak44。（ASKM）

第2章

外国製対戦車砲
ПРОТИВОТАНКОВЫЕ ОРУДИЯ ИНОСТРАННОГО ПРОИЗВОДСТВА

ドイツ国内で開発、製造された対戦車砲のほかに、ドイツ国防軍の諸部隊は外国製の砲も多数使用した。それは何よりもまず、オーストリア併合とチェコスロヴァキアとの合併の後に第三帝国の手に入った火砲である。その後に続くのは、1939年から1942年の作戦でドイツ軍が捕獲したポーランド、フランス、イギリス、ベルギー、ソ連の戦利砲である。もちろん、こうした砲の運用規模は大したものではなかったが、それでも全部で数千門を数えた。他の戦利兵器同様、対戦車砲もドイツ国防軍に配備される際にそれぞれ独自の制式名を付けられていった。ここでは、外国製の砲をドイツ国防軍に配備される順に見ていこう。

オーストリア式4.7㎝対戦車砲Pak35/36(ö)
4.7㎝ Panzerabwehrkanone 35/36(ö)

この砲はカプフェンベルク（Kapfenberg）市のボーラー社（Gebr. Bohler）によって開発され、1935年にオーストリア軍の兵装にボーラー47mm砲1935年型（Bohler Modell 1935）として採用された。1938年3月のオーストリア併合までに全部で353門が製造された。重量315kgのこの砲は完全弾薬筒式の徹甲弾（重量1.44kg）と榴弾（重量2.37kg）を弾薬として使用した。砲身は2本の開閉式の脚を持つ砲架に搭載され、防楯はなかった。移動用には空気タイヤ付きの2本の小さな車輪があり、着脱が可能であった。砲は脚と、移動時には前方に折り返される支柱［駐鋤が無い代わりに砲の後退を制する杭のことで、下方（地面）に向けて降ろし、移動時は前方に折り上げることができる］で地面に固定された。

ドイツ軍はこの砲を4.7㎝ Panzerabwehrkanone 35/36(ö)または4.7㎝ Pak35/36(ö)——『4.7㎝対戦車砲1935/36年型（オーストリア式）』の制式名で採用した。この砲は330門が部隊に配備され、さらに150門が1940年に残っていた半製品ストックからボーラー社によって組み立てられた。ドイツ国防軍はPak35/36(ö)を1942年初頭まで北アフリカや東部戦線で限定的に使用し、少数がルーマニア軍に譲渡された。

1935年にオーストリアはこれらの砲の生産ライセンスをイタリアに売り、イタリアではさらなる仕上げが施され、Cannon

70

anticarro 47/32 modello 35として制式採用された。この砲のオーストリア製オリジナルとの違いは、砲制退器の欠如、異なる車輪、やや変更された脚の構造である。イタリアが1944年に降伏した後、少数のこれらの砲がドイツ国防軍によって4.7cm Pak177(i) の制式名で使用された。

70：スターリングラードの北西で鹵獲した戦利品を計上記録しているソ連兵たち。1942年12月。手前がオーストリアのボーラー社製47㎜対戦車砲1935年型。ドイツ軍がルーマニア軍に譲り、スターリングラード郊外でのルーマニア部隊の壊滅により赤軍部隊に鹵獲されたもの。(ASKM)

オーストリア製47㎜対戦車砲Pak35/36(ö)の性能諸元

口径(㎜)	47
戦闘重量(kg)	315
移動時重量(kg)	277
砲身長(㎜)	1,680 (35.8口径)
砲員(人)	3
牽引速度(km/h)	40
発射速度(発/分)	15～20
最大射程(m)	7,000
照準射程(m)	1,000
有効射程(m)	500
射角(度)	
左右	62
上下	-15～+56
初速(m/s)	
徹甲弾	630
榴弾	250
装甲貫徹能力(㎜)	45 (射程500m)

チェコスロヴァキア式37㎜対戦車砲P.U.V. vz.37――3.7㎝ Pak M37(t)
3.7㎝ Panzerabwehrkanone M37(t)

　シュコダ社（Škoda）が1935～1936年の間に開発、チェコスロヴァキア軍の兵装にP.U.V. vz.37（対戦車砲1937年型）として採用される。

　構造的には十分当時の水準に達していた。モノブロックの砲身は鎖栓式閉鎖機を備え、毎分20発に上る射撃が可能であった。砲身と上部砲架と照準装置は、開脚式の砲架に搭載されていた。本砲はスプリング付きの木製スポークホイールを持ち、そのおかげで馬匹でも機械牽引車でも運行できた。砲員は厚さ5㎜の防楯によって銃弾や砲弾の破片から守られていた。以上に加えて、この砲は当時としては変わった特徴を備えている――運行時に砲身が180度旋回し、脚に固定されるのであった。

　P.U.V. vz.37の射撃には、完全弾薬筒式の弾薬――重量0.85kgの徹甲弾、重量1.2kgの榴弾――が用いられた。

　ドイツによるチェコスロヴァキア占領（1939年3月）当時までに1,724門の37㎜対戦車砲が製造されていた。ドイツ軍はこの砲の優秀な戦闘能力を評価して3.7㎝ Panzerabwehrkanone M37(t)――『3.7㎝対戦車砲1937年型（チェコスロヴァキア式）』または略して3.7㎝ Pak M37(t)として制式採用した。その生産は1939年も（277門）、1940年1月～5月も（236門）続き、それから中止となった。1939年～1940年の間に製造された砲は空気タイヤの車輪を装着され、輸送速度の向上に繋がった。さらにこれらの車輪は、それ以前に生産された砲の一部にも装着された。

　Pak M37(t)は歩兵師団戦車猟兵大隊に配備され、1942年の初頭まで運用されたが、その後はもっと強力な対戦車砲に切り替えら

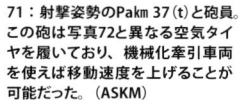

71：射撃姿勢のPakm 37(t)と砲員。この砲は写真72と異なる空気タイヤを履いており、機械化牽引車両を使えば移動速度を上げることが可能だった。（ASKM）

72：ドイツ国防軍の演習――砲員が旋回させているのは37㎜対戦車砲Pak M37(t)。1939年秋。(ASKM)

れていった。
　シュコダ社はチェコスロヴァキア占領後も新しい対戦車砲の開発を続けたが、もはやドイツ国防軍のためであった。例えば1942年の初め、Pak39/40とされた37㎜砲の試作品が造られた。これはPak M37(t)をさらに発展させたものであったが、砲架が異なり、砲弾の飛翔速度もより高かった。ところが、当時すでに37㎜対戦車砲は、対砲弾装甲を持つ戦車に対しては効果が小さくなっており、Pak39/40が34門造られた後は、この砲に関する作業はすべて中止となった。これらの砲のその後について、筆者には何も分からない。

37㎜対戦車砲Pak M37(t)の性能諸元

口径(mm)	37.2
戦闘重量(kg)	405
移動時重量(kg)	370
砲身長(mm)	1,778（47.8口径）
砲員(人)	4
牽引速度(km/h)	25～30
発射速度(発/分)	15～20
最大射程(m)	5,000
射角(度)	
左右	50
上下	-8～+26
初速(m/s)	
徹甲弾	750
榴弾	580
装甲貫徹能力(mm)	33（射程1,000m）

チェコスロヴァキア式47㎜対戦車砲P.U.V. vz.36──4.7㎝ Pak36(t)
4.7㎝ Panzerabwehrkanone 36(t)

　本砲はシュコダ社が1935年から1936年にかけて37㎜対戦車砲vz.37の発展型として開発し、チェコスロヴァキア軍にP.U.V. vz.36（対戦車砲1936年型）として制式採用された。構造上と外見上、vz.36は37㎜のvz.37にとてもよく似ていたが、外形寸法と重量が異なっていた（前者は595kg、後者は364kg）。そのほか、輸送時にコンパクトにするため、P.U.V. vz.36の脚は両方とも折りたたみ式にされた。47㎜対戦車砲の弾薬には完全弾薬筒式の徹甲弾と榴弾があった。前者は重量1.65kgで初速は775m/s、距離1,000mで厚さ55㎜の装甲を貫徹し、後者の重量は1.5kgであった。

　47㎜対戦車砲は37㎜砲に先駆けて採用されたにもかかわらず、一連の理由で量産は遅れて始まった。ドイツによるチェコスロヴァキア占領までにシュコダ社は775門の47㎜対戦車砲P.U.V. vz.36を製造した。これらの砲は少数が1937年から1938年にかけてユーゴスラヴィアに売却された。

　37㎜対戦車砲と同じく、P.U.V. vz.36もドイツ国防軍の兵装として採用され、4.7㎝ Panzerabwehrkanone 36(t)──『4.7㎝対戦車砲1936年型（チェコスロヴァキア式）』または4.7㎝ Pak36(t)と制式名が定められた。ドイツはその生産を継続し、1942年初頭の製造終了までさらに487門が造られていた。1941年にはPak36(t)の弾薬にタングステンカーバイトの硬芯徹甲弾PzGr40が導入され、砲の装甲貫徹能力が向上した。

　1939年にPak36(t)は一連の歩兵師団の対戦車猟兵大隊に配備され始め、初めて戦闘で使用されたのは1940年のフランスにおいてであった。1940年の3月からは4.7㎝ Pak36(t)がⅠ号戦車B

型の車台に搭載されるようになり（1941年2月までに202両を生産）、1941年5月以降は戦利品のフランス戦車の車台と組み合わされた（1941年10月までに174両を生産）。それぞれPanzerjäger I、Panzerjäger 35R（f）の制式名が付けられた自走砲は、戦車猟兵大隊に支給された。

　47mm対戦車砲Pak36（t）は装甲貫徹能力ではドイツの50mm Pak38にやや劣り、1943年の初頭までは部隊運用されていたが、その後はより強力な75mm Pak40と交替していった。

　1940年〜1941年にシュコダ社でより強力な口径50mm及び66mmの試作対戦車砲が造られた。前者の制式名はPak206/835、重量は1,350kgあり、半自動発射機構式で砲弾5発用の弾薬架を備えていた。後者の制式名はPak5/800とされ、重量は2,050kg、徹甲弾の初速は800m/sであった。両方ともテストは通過したが、ドイツ国防軍には配備されず、試作砲のままに終わった。

73：47mm対戦車砲Pak36（t）を高所に引き揚げる作業。ユーゴスラヴィア、1940年春。ドイツ製対戦車砲と同じく、チェコスロヴァキア製の砲も専用ロープを標準装備しており、砲を人力で移動させる砲員の作業負担を軽減した。（RGAKFD）

74：射撃訓練中の47mm対戦車砲Pak36(t)の砲員。防楯の上部に砲身洗浄棒収納筒を固定している。迷彩はチェコスロヴァキア軍で使用されていた時点で、すでに施されていた可能性がある。（RGAKFD）

47mm対戦車砲Pak36(t)の諸元

口径(mm)	47
戦闘重量(kg)	605
移動時重量(kg)	590
砲身長(mm)	2,040（43.4口径）
砲員(人)	5
牽引速度(km/h)	25〜30
発射速度(発/分)	15〜20
最大射程(m)	5,000
射角(度)	
左右	50
上下	-8〜+26
初速(m/s)	
徹甲弾	775
榴弾	650
装甲貫徹能力(mm)	55（射程1,000m）

75

77

75：シュコダ社の試作50㎜対戦車砲Pak206/835は、弾薬5発を装填する弾薬架を備えていた。1940年。（ASKM）

76：シュコダ社の試作66㎜対戦車砲Pak5/800。1940年。Pak206/835とPak5/800の砲架は同じ構造であった。（ASKM）

77：シュコダ社が試作した66㎜対戦車砲Pak5/800の右側面。1940年。（ASKM）

ポーランド式37㎜ボフォース対戦車砲──3.7㎝Pak36(p)
3.7㎝ Panzerabwehrkanone 36(p)

　この37㎜対戦車砲はスウェーデンのボフォース社（Bofors）が1934～1935年に主として輸出用に開発したものである。この砲を求めた国の中にポーランドもあり、生産ライセンスを取得した。1936年に本砲はポーランド軍に37㎜ armata przeciwpancerna wz.36（37㎜対戦車砲1936年型）の制式名で配備された。一定数の砲がスウェーデンで購入され、その後、砲の生産がポーランドで行なわれた。1939年9月までに全部で1,730門が生産された。

　wz.36砲は当時の水準に十分達していた。その砲身はモノブロックで、鎖栓式半自動閉鎖機を備えているため、毎分20発に上る射撃が可能であった。砲身が取り付けられる砲架は、砲手2名分の座席を持つ開閉式の脚を備えている。また、空気タイヤの車輪を有し、最大50km/hでの移動ができた。砲員は厚さ5㎜の湾曲形の防楯で守られ、しかもその下部は蝶番で上げ下ろしできるようになっていた。一輪のトレーラーが付いており、これで弾薬を運んだ。本砲は1939年9月のドイツ戦車との戦闘で非常な好評を博した。

　ポーランド作戦を終えたドイツ軍は戦利品としてかなり大量の37㎜砲wz.36を手に入れた。そのうち621門は3.7㎝ Panzerabwehrkanone 36(p) または 3.7㎝ Pak36(p)──3.7㎝対

78：ポーランド軍のボフォース37㎜対戦車砲は、ドイツ国防軍内ではPak36(p)として使用された。（ASKM）

79：クーアラント軍集団の降伏時にドイツ軍の砲集積所に並んでいたポーランド製の37㎜対戦車砲Pak36(p)。1945年5月。少なくとも14門が確認できる。（ASKM）

戦車砲1936年型（ポーランド式）の制式名でドイツ国防軍に配備された。それらは歩兵師団の中で運用されたが、1941年の末に部隊から回収され始めた。とはいえ、写真資料からすると、少数のPak36(p)が終戦に至るまでドイツ軍の中で使用されていたようである。いずれにせよ、約20門のこのタイプの砲が、1945年5月のドイツ軍降伏時に戦利品として赤軍の手に渡っている。

37㎜対戦車砲Pak36(p)の性能諸元

口径(mm)	37
戦闘重量(kg)	380
移動時重量(kg)	930（砲車の前車部分を含む）
砲身長(mm)	1,665（45口径）
砲員(人)	5
牽引速度(km/h)	50
発射速度(発/分)	15〜20
最大射程(m)	4,500
照準射程(m)	1,000
射角(度)	
左右	50
上下	-10〜+25
初速(m/s)	
徹甲弾	800
榴弾	650
装甲貫徹能力(mm)	37（射程400m、命中角30°）/40（射程600m、命中角90°）

ベルギー式47mm対戦車砲SA.FRS──4.7cm Pak185(b)
4.7㎝ Panzerabwehrkanone 185(b)

　この砲はリエージュの王立軍工廠が開発し、1935年にベルギー軍に47mm対戦車砲（Canon de 47 antichar SA.FRS）として配備された。この砲は半自動閉鎖機を備えるモノブロックの砲身と、リベット留めされた大柄の開閉脚式砲架を持っていた。移動用には全面ゴム被覆の金属製車輪が2つあり、砲員を銃弾と砲弾の破片から守るために曲面の金属製防楯が付いていた。この砲はドイツ軍によるベルギー占領までに少数が生産された。

　戦利品の47mm砲SA.FRSは4.7㎝ Panzerabwehrkanone 185(b) または 4.7㎝ Pak185(b) の制式名でドイツ国防軍に配備された。これらはドイツ軍のベルギー占領部隊、そして沿岸防御において限定的に運用された。ドイツ国防軍に配備されたこれらの砲の正確な数は、筆者には不明である。

47mm対戦車砲Pak185(b)の性能諸元

口径(mm)	47
戦闘重量(kg)	568
砲身長(mm)	1,579(33.6口径)
砲員(人)	5
牽引速度(km/h)	30
発射速度(発/分)	12〜15
最大射程(m)	4,000
照準射程(m)	1,000
射角(度)	
左右	40
上下	-30〜+20
徹甲弾初速(m/s)	720
装甲貫徹能力(mm)	53(射程500m)

80：ベルギー製の47mm対戦車砲SA.FRSは、ドイツ国防軍内ではPak185(b) の制式名で使用された。（ASKM）

81：40㎜対戦車砲Pak192(a) はイギリスの2ポンド砲Q.F.Mk.VIIである。射撃姿勢の砲は車輪を取り外し、砲架の十字脚を展開している。(ASKM)

イギリス式2ポンド(40mm)対戦車砲Q.F.Mk.VII──4㎝Pak192(a)
(4㎝ Panzerabwehrkanone 192(a))

　本砲はイギリス王立兵器工廠（Royal Ordnance Factory）が開発し、1937年にイギリス軍に採用された。重量はかなり大きく800kgほどもあったが、砲架の構造が全周射撃を可能にするものであった。運行には取り外し可能な車輪が使用された。第二次世界大戦勃発当時、この砲はイギリス軍の主要対戦車砲であった。弾薬としては0.921kgの徹甲弾のみが使用された。

　1940年のフランス作戦でイギリス派遣軍団がダンケルク郊外で壊滅したとき、約500門の本砲が戦利品としてドイツ軍の手に渡る。それらは、4㎝ Panzerabwehrkanone 192(a) または 4㎝ Pak192(a)──4㎝対戦車砲192（イギリス式）としてドイツ国防軍の兵装に採用された。だがこれらの砲の運用は限定的であった──主に『大西洋の壁』の沿岸防御に使用された。様々な資料によると、ドイツ軍が扱ったこれらの砲は全部で200～350門だったようだ。

40㎜対戦車砲Pak192(a)の性能諸元

口径(㎜)	40
戦闘重量(kg)	797
移動時重量(kg)	840
砲身長(㎜)	2,081(52口径)
砲員(人)	6
牽引速度(km/h)	40
発射速度(発/分)	15〜20
最大射程(m)	7,315
照準射程(m)	550
射角(度)	
左右	360
上下	-13〜+15
初速(m/s)	808
装甲貫徹能力(㎜)	50/42(射程500m/1,000m)

82：ホチキス社の25㎜対戦車砲1934年型SA-L mle34とドイツ軍砲員。フランス、1940年6月。これらの戦利砲が少数ではあるが、1940年のフランス作戦の最中にもドイツ国防軍部隊で使用された。(ASKM)

83：ドイツ国防軍内でPak112(f)の制式名を与えられた、ホチキス社の25mm対戦車砲1934年型SA-L mle34。（ASKM）

フランス式25mmホチキス対戦車砲1934年型SA-L mle34──2.5㎝ Pak112(f)
(2.5㎝ Panzerabwehrkanone 112(f))

　この砲は1934年に25mm対戦車砲1934年型（Canon léger de 25 antichar SA-L mle 1934）としてフランス軍に採用された。鎖栓式半自動閉鎖機を備えるモノブロック砲身は脚が開閉式の砲架に取り付けられた。射撃班防護用の防楯を持ち、空気タイヤの小型車輪は最大時速50kmでの移動を可能にした。弾薬として使用されたのは重量0.32kgの完全弾薬筒式徹甲弾（実体弾）のみであり、榴弾は本砲には使われなかった。

　ドイツ国防軍は1940年のフランス作戦の際に数百門の25mm対戦車砲を戦利品として入手したが、それらの多くは無傷のままであった。そしてドイツ軍に2.5㎝ Panzerabwehrkanone 112(f) または 2.5㎝ Pak112(f) の制式名で採用されることになった。その使用は歩兵師団の中で東部戦線や北アフリカ戦線、また『大西洋の壁』やノルウェーの沿岸防御に限られた。これらの砲は1943年まで運用され、その後は部隊から回収されていった。

25㎜対戦車砲Pak112(f)の性能諸元

口径(mm)	25
戦闘重量(kg)	496
砲身長(mm)	1,800(72口径)
砲員(人)	4
牽引速度(km/h)	50
発射速度(発/分)	25
最大射程(m)	1,800
照準射程(m)	800
有効射程(m)	600
射角(度)	
左右	60
上下	-5～+21
初速(m/s)	900
装甲貫徹能力(mm)	50(射程600m)

フランス式25㎜対戦車砲1937年型——2.5㎝ Pak113(f)
2.5㎝ Panzerabwehrkanone 113(f)

84：ドイツ国防軍にPak113(f)の制式名を与えられた、フランス製の25㎜対戦車砲1937年型。(ASKM)

　ピュトン社（Puteanz）によって開発された25㎜対戦車砲は1937年の末に25㎜対戦車砲1937年型（Canon léger de 25 antichar SA-L mle 1937）としてフランス軍の兵装に採用された。これは1934年型の対戦車砲と似たような構造であったが、100kgほど軽かった。弾道特性に関しては両者とも似ていた。1937年型からの射撃には、1934年型と同じく重量0.32kgの徹甲弾が使用された。

　ドイツ軍はフランスでの戦闘活動において多数の無傷な1937年型砲を鹵獲し、2.5㎝ Panzerabwehrkanone 113(f) または 2.5㎝ Pak113(f) として制式採用した。これらの砲は北アフリカでの戦闘活動や、またフランスとノルウェーの沿岸防御において限定的に運用された。装甲兵員輸送車Sd.Kfz.250に搭載されたPak113(f)の写真を筆者は知っている。このようなタイプが複数存在した可能性があるが、その点についてはいかなる資料もない。

25mm対戦車砲Pak113(f)の性能諸元

口径(mm)	25
戦闘重量(kg)	310
砲身長(mm)	1,925(77口径)
砲員(人)	4
牽引速度(km/h)	50
発射速度(発/分)	25
最大射程(m)	1,800
照準射程(m)	800
有効射程(m)	600
射角(度)	
左右	37
上下	-10 ～ +26
徹甲弾初速(m/s)	918
装甲貫徹能力(mm)	50(射程600m)

フランス式47mmシュナイダー対戦車砲1937年型──4.7㎝ Pak181(f)
4.7㎝ Panzerabwehrkanone 181(f)

　本砲は1937年にフランス軍に配備され、1940年の夏には数百門が保有されていた。半自動閉鎖機を備えるモノブロック砲身を持ち、開閉式の脚を備えた砲架に搭載されていた。また、防楯のほかに、ゴムタイヤを装着したスプリング付きの金属製車輪を有している。弾薬に使用されたのは、重量1.725kgの完全弾薬筒式徹甲弾（実体弾）のみである。

　フランス作戦の過程でドイツ軍の手に渡ったこれらの砲は823門を数え、それらは4.7㎝ Panzerabwehrkanone 181(f) または 4.7㎝ Pak181(f) の制式名でドイツ国防軍の兵装として採用された。この一部は1941年に東部戦線で行動する複数の歩兵師団の戦車猟兵大隊に支給された。そのため同じ年にドイツ軍はPak181(f)の弾薬に重量0.8kgの硬芯徹甲弾PzGr40を導入し、ソ連戦車を相手になんとか戦うことが可能になった。ただこのタイプの砲弾は生産数が非常に少なかった。1942年にPak181(f)は部隊からの回収が始まり、後に教導部隊やフランス駐屯大隊の中で使用されるようになった。ドイツ軍はこれらの対戦車砲のいくつかを、同じく戦利品であるフランス製ロレーヌ牽引車の車台にも搭載した。

85

86

85：ドイツ第56歩兵師団所属の47mm対戦車砲Pak181(f)（シュナイダー社製対戦車砲1937年型）砲員による演習。1941年春。(ASKM)

86：解放されたチフヴィン市内に並ぶ戦利砲。1941年冬。手前左手はフランス製の47mm対戦車砲Pak181(f)。砲身には撃破したソ連戦車の数を示す4本の白い環が見える。この砲の車輪は写真85のPak181(f)に装着されているものと異なっている。(ASKM)

47mm対戦車砲Pak181(f)の諸元

口径 (mm)	47
戦闘重量 (kg)	1,070
砲身長 (mm)	2,490 (53口径)
砲員 (人)	5
牽引速度 (km/h)	30
発射速度 (発/分)	20
最大射程 (m)	8,500
照準射程 (m)	1,000
有効射程 (m)	500
射角 (度)	
左右	70
上下	-17〜+13
徹甲弾初速 (m/s)	885
装甲貫徹能力 (mm)	60 (射程400m)

ソ連式45㎜対戦車砲1932/1937年型及び1942年型（M42）──4.5cm Pak184(r)及びPak186(r)
4.5cm Panzerabwehrkanone 184(r), 186(r)

　ソ連・ロシアにおいて"ソロカピャートカ"［数字45（ソーロクピャーチ）に基づく"（口径）45㎜もの"の意味］と呼ばれて有名な本砲の歴史は、ドイツの37㎜対戦車砲Tak 29 L/45に始まる。このドイツ砲はソ連が1930年の8月に購入し、1931年2月13日に37㎜対戦車砲1930年型として赤軍に制式採用された。外見上これはTak 29の構造を、一部を除いて完全に模倣したものであった。新型砲の製造はモスクワ郊外のムィチーシチにあるカリーニン記念第8砲兵工廠で行われ、砲に1-Kの製造管理番号が付けられた。1936年初頭に労農赤軍が保有したこれらの砲は506門を数えた。

　1932年5月5日、赤軍の兵装に新たな砲が採用される──45㎜対戦車砲1932年型（製造管理番号は19-K）である。主として37㎜砲と異なるのは新型の口径45㎜の砲身であった。これはなによりもまず、フガス榴弾による射撃効果を向上させるためであった。

　1934年には45㎜対戦車砲1934年型が登場する。1932年型と異なる第一の点はGAZ-A自動車の空気タイヤを車輪に採用したことである。これによって砲の機動性がにわかに高まった。

　45㎜対戦車砲の戦前最後の派生型となった1937年型は、上部・下部砲架の構造や車軸、スプリング機構、俯仰・旋回機構、高耐弾性タイヤの車輪（GKまたはグスマーチケ）が新型のものに改められていた［グスマーチケとは、1915年にロシアでドイツ人技師フス（ロシア訛りでグス）が開発した、空気の代わりにゼラチン質の特殊液体をタイヤに充塡した車輪］。

　1941年の夏が始まる頃には、赤軍が保有する45㎜対戦車砲は全部で1万門を超えていた。国境に面した軍管区（バルト海特別、西部特別、キエフ特別、レニングラード、オデッサの各軍管区）だけでも、6月1日の時点で7,520門を数えた。これらの砲の製造は大祖国戦争［1941〜1945年の独ソ戦のソ連側名称で、1812年の対ナポレオン戦争を『祖国戦争』と呼ぶことを意識したものである］勃発後も1943年に至るまで続けられ、この間に生産された数は37,354門に上った。

　これらすべての砲は類似の構造を持ち、鎖栓式半自動閉鎖機のモノブロック砲身を脚開閉式の砲架に搭載したものであった。移動用には木製車輪（1934年まで）か空気タイヤ若しくはGKタイヤの自動車用車輪を有していた。"ソロカピャートカ"の運行には輓馬や機械化牽引車が用いられた。弾薬として使用されたのは、徹甲弾B-240、曳光徹甲弾BR-240または重量1.41〜1.43kgの曳光焼夷徹甲弾BZR-240、重量2.14kgの榴弾UO-240の完全弾薬筒式の装弾で

87

88

87：Pak184（r）——ソ連製45㎜対戦車砲1934年型の整備作業を行うドイツ兵。南方軍集団、1942年7月。（ASKM）

88：鹵獲したソ連製45㎜対戦車砲1942年型を検分するドイツ兵。1943年夏。ドイツ国防軍はこのタイプの砲にPak186（r）と制式名を与えた。しかし、筆者はPak186（r）がドイツ軍に使用されている写真を目にしたことがない。（RGAKFD）

89：鹵獲されたソ連軍の45㎜対戦車砲1934年型（左）と1937年型。1943年夏。これらの砲はドイツ軍内部でPak184（r）の制式名で使用された。（ASKM）

ある。1942年の春になると、タングステンカーバイト硬芯TS-20を含む45㎜硬芯徹甲弾BR-240Pが採用され、対戦車砲の装甲貫徹能力を高めた。

　1942年にモロトフ市（現ペルミ市）の第172工場で45㎜対戦車砲1942年型（M-42）が開発され、制式採用となった。それまでの"ソロカピャートカ"に比べて砲身長が延び、発射薬の量を増やした弾薬を使用する点が異なっている。これによって砲弾の初速が870m/sにまで高まり、装甲貫徹能力が向上した。この砲の製造は1944年まで続き、全部で10,843門生産された。

　独ソ戦の最初の数カ月間で数千門に上る45㎜対戦車砲とそれ用の大量の弾薬を鹵獲したドイツ国防軍は、これらを装備に採用し、4.5㎝ Panzerabwehrkanone 184（r）または4.5㎝ Pak184（r）の制式名を与えた。おそらく鹵獲された4.5㎝ Pak184（r）はドイツ軍部隊の火力強化のために前線で使用されたのであろう。ともかくドイツ軍の歩兵その他の師団の正規戦車猟兵大隊が"ソロカピャートカ"で武装されたというケースは知らないが、これらの砲がドイツ国防軍によって使用されている様子を撮影した写真は見受けられる。

　ドイツ軍が45㎜対戦車砲1942年型を使用したことに関する情報もない。ただし、それがドイツ国防軍内で4.5㎝ Pak186（r）の制式名を付けられたことは確かである。

45mm対戦車砲Pak184(r)の諸元

口径(mm)	45
戦闘重量(kg)	565
移動時重量(kg)	1,200(砲車の前車を含む)
砲身長(mm)	2,070(46口径)
砲腔長(mm)	1,688
砲員(人)	4(馬力による運行—6)
牽引速度(km/h)	最大50
発射速度(発/分)	20〜25
最大射程(m)	4,200
照準射程(m)	1,000
有効射程(m)	最大800
射角(度)	
左右	60
上下	-8〜+25
初速(m/s)	
BR240	760
BR240P	985
O240	350
BR240装甲貫徹能力(mm)	50/44/38(射程100m/300m/500m)

表1. 1939〜1945年の第三帝国領内の対戦車砲の工場生産実績

対戦車砲	1939	1940	1941	1942	1943	1944	1945	計
28/20mm Pz.B.41	-	94	349	1,030	1,324	-	-	2,797
37mm Pak35/36	1,229	2,713	1,365	32	-	-	-	5,939
37mm Pakm 37(t)	277	236	-	-	-	-	-	513
37mm Pak39/40	-	-	-	34	-	-	-	34
42mm Pak41	-	-	27	286	-	-	-	313
47mm Pak36(t)	200	168	51	68	-	-	-	487
47mm Pak35/36(ö)	-	150	-	-	-	-	-	150
50mm Pak38	2	388	2,072	4,480	2,626	-	-	9,568
75mm Pak50	-	-	-	-	-	358	-	358
75mm Pak97/38	-	-	-	2,854	858	-	-	3,712
75mm Pak40	-	-	-	2,114	8,740	11,728	721	23,303
75mm Pak41	-	-	-	150	-	-	-	150
76.2mm Pak36(r)	-	-	-	358	169	33	-	530
88mm Pak43/41	-	-	-	-	1,152	251	-	1,403
88mm Pak43	-	-	-	-	6	1,766	326	2,098
128mm Pak80	-	-	-	-	2	118	30	150

表2. 1939～1945年の第三帝国領内の対戦車砲弾薬の工場生産実績（単位：1,000発）

砲	弾薬	1939	1940	1941	1942	1943	1944	1945	計
28/20mm	SprGr	-	-	9.2	373.3	-	-	-	465.3
28/20mm	PzGr	-	156.2	889.5	270	287.1	-	-	1,602.8
37mm	SprGr,PzGr	400	4,336.3	1,059.3	2,526.7	2,893.5	-	-	11,215.8
37mm	PzGr40	-	286.6	885.2	207.2	1	-	-	1,380
37mm	Stielgranate	-	-	-	600.9	35.1	-	-	636
42mm	SprGr	-	-	6.5	201	220	-	-	427.5
42mm	PzGr	-	-	12.5	234.6	111.5	-	-	358.6
47mm（t）	SprGr,PzGr	214.8	358.2	387.5	441.5	229.9	-	-	1,631.9
47mm（ö）	PzGr	-	105.1	29	-	-	-	-	134.1
50mm	SprGr	-	285.5	336.6	2,426.3	3,164.5	1,206.5	34	7,453.4
50mm	PzGr39	-	313.6	953.4	1,938.3	3,029	445	41	6,720.3
50mm	PzGr40	-	-	344.3	721.8	226	-	-	1,292.1
75mm Pak40	SprGr	-	-	-	475.2	1,347.9	3,147	220	5,190.1
	PzGr39	-	-	-	239.6	1,592.6	1,721	104	3,657.2
	PzGr40	-	-	-	7.7	40.6	-	-	48.3
	HL.Gr.	-	-	-	571.9	1,197.9	-	-	1,769.8
	K.Gr.Nb.	-	-	-	-	30.4	47.1	45	122.5
75mm Pak41	SprGr	-	-	-	29.3	27.2	-	-	56.5
	HK.Gr.	-	-	-	27.1	7.9	-	-	35
	PzGr（W）	-	-	-	11	41.3	-	-	52.3
75mm Pak97/38	SprGr	-	-	-	769.4	1,071.3	957.7	14.3	2,812.7
	HL.Gr.	-	-	-	929.4	1,388	264.5	-	2,581.9
	PzGr	-	-	-	359.4	597.3	437.3	-	1,394.1
88mm Pak43	SprGr	-	-	-	-	1,164.2	1,155	168	2,487.2
	PzGr39	-	-	-	-	825.9	1,139	20	1,984.9
	PzGr40	-	-	-	-	5.8	-	-	5.8
	HL.Gr.	-	-	-	-	7	-	-	7
128mm Pak80	SprGr	-	-	-	-	-	67.9	18	85.9
	PzGr	-	-	-	-	-	21.4	5.5	26.9

90：1945年の春にアメリカ軍部隊に鹵獲されたクルップ社製の128mm砲K81/2（砲架はソ連製152mm曲射・平射砲ML20）。ML20に似た砲口制退器のスリットがよく分かる。（ASKM）

第3章

対戦車砲部隊の編制
ОРГАНИЗАЦИЯ ПОДРАЗДЕЛЕНИЙ ПРОТИВОТАНКОВОЙ АРТИЛЛЕРИИ

歩兵師団
Infanterie-Division

　歩兵は第二次世界大戦期のドイツ国防軍にあって最も規模の大きな兵科であった。歩兵師団はドイツ陸軍総人員の約80％を構成していた。1945年までに編成された294個の通常の歩兵師団のほかに、軽歩兵（猟兵）師団や警備師団、野戦教導師団、予備役師団、定置師団（要塞などに配置され移動しない師団）、沿岸警備師団、その他後方支援師団があり、戦争末期のかなりばらばらな組織編成の様子が伺える。

　ドイツは第二次世界大戦に突入したとき86個の歩兵師団を持っていたが、その大半は動員令発動後になってようやく本編成されたものであった。その結果、定数は統一されているものの、兵装や機器の欠如が様々な種類の師団の登場につながり、それらの名称には"波"（Welle）という言葉が用いられることになった。その後この用語は師団の編成順番や組織編成と兵装の特徴を示すものとなった。以下に見ていくのは、第二次世界大戦各期のドイツ歩兵師団対戦車部隊のみの編制である。

　1939年9月から1940年5月にわたる動員実施の時期はドイツ国防軍の中に9波の歩兵師団131個が編成された。対戦車兵器の数と対戦車部隊の編制の点でこれらの師団はすべて異なっていた。例えば、第1波師団35個は定数上75門のPak35/36を保有し、それらは歩兵3個連隊の各連隊の対戦車中隊（各12門）と偵察大隊の対戦車小隊（3門）、対戦車大隊（3個中隊にそれぞれ12門）に配備されることになっていた。ところが、これらのうち16個師団は対戦車大隊に2個中隊ずつしか持たず、したがって対戦車砲の数も75門ではなく、63門であった。Pak35/36の運行はすべて、専用に開発されたクルップ社の1.5tトラックL2H143（6×4）か、または半装軌式牽引車Sd.Kfz.10によって行われた。

　対戦車大隊は本部と対戦車中隊3個と輸送中隊1個からなる。対戦車中隊の編制は、本部（13名）と対戦車小隊4個（各28名、37mm Pak35/36砲3門＋クルップL2H143トラック3台、MG34軽機関銃4挺、マウザー98K騎銃86挺、MP38短機関銃4挺、拳銃4挺）、輸送小隊1個（乗用車1台、貨物自動車3台、野戦厨房1式）である。

輸送中隊は自動車と自動二輪車を持っていた。戦時編制歩兵師団の対戦車大隊は全部で550名の将校、下士官、兵を数え、36門のPak35/36と18挺の軽機関銃、114台の自動車、45台の自動二輪車を保有していた。

第2波19個師団は第1波師団と似たような編制であったが、これらのうち9個師団は偵察大隊の中に対戦車小隊を持たず、Pak35/36の数は合計して72門であった。同じようなことは第4波の14個師団についても言えた。

第3波歩兵師団22個は第1波師団に似ていたが、そのうちの6個師団は対戦車大隊の中に1個中隊（12門）しかなかった（師団全体では51門保有）。

第5波5個師団と第6波4個師団は対戦車砲をそれぞれ75門ずつ保有していたが、中身はチェコスロヴァキア製の37㎜砲PakM37(t)と47㎜砲Pak36(t)であり、しかも馬匹牽引であった。

第7波14個師団と第8波10個師団には各48門の37㎜砲があったが、それはこれら師団の偵察大隊と対戦車大隊が1個の部隊に統合され、しかもその対戦車中隊が1個だけであったからだ。

最も弱小な師団が第9波の9個師団であった——それらが保有する対戦車砲は各々9門にすぎなかった（3個連隊に各1個小隊）。

ドイツの対ソ連侵攻準備が整う頃、歩兵師団対戦車部隊の編制に一連の変更がなされた。それは何よりもまず新型の50㎜対戦車砲

91：赤軍兵たちが戦利品——37㎜対戦車砲Pak35/36を検分している。西部方面軍、1941年7月。砲の手前には弾薬とその金属製弾薬箱（各12発入）が並べられている。対戦車砲Pak35/36の駐退復座機カバーには"braun"の文字が見える。（ASKM）

92

92-93：村を巡る戦闘で友軍歩兵を支援する50㎜対戦車砲Pak38とその砲員。1942年7月、ツィムリャンスカヤ地区。砲身には撃破したソ連戦車の数を示す6個の白い環が見える。（ASKM）

Pak38が配備されたことと、フランス作戦の過程で大量の兵器が捕獲されたことに関係している。

例えば、第1波師団歩兵連隊には11門の対戦車砲——Pak35/36：9門とPak38：2門が入り、さらに戦車猟兵大隊（Panzerjäger-Abteilung、1940年4月1日から対戦大隊はこう呼ばれるようになった）では8門のPak38と28門のPak35/36を数えることとなった。偵察大隊の保有する砲の数に変化はなかった。師団全体では全部で72門の対戦車砲を持つようになり、そのうち14門は50㎜ Pak38、58門が37㎜ Pak35/36であった。

第2波師団の中で変化があったのは主として戦車猟兵大隊である——第56〜第58、第61、第62、第78の各師団において戦車猟兵大隊は28門の37㎜ Pak35/36と6門の47㎜戦利フランス砲Pak181(f)で、また第73師団戦車猟兵大隊は36門のPak35/36と6門の50㎜ Pak38とで編成されることになった。さらにすべての師団が偵察大隊の編制に対戦車砲小隊を各1個受領した。

第3波師団の一部は歩兵連隊対戦車中隊に対戦車砲を11門ずつ受領した（Pak35/36：9門、Pak38：2門）。第4波師団でも戦車猟兵大隊の編制に変更が加えられ、28門の37㎜砲と6門の47㎜フランス製Pak181(f)を持つようになった。第5波、第6波師団に実質的な変化はなかったが、第7波及び第8波の16個師団は3個中隊からなる完全な戦車猟兵大隊を手にした（ただし、第164、第198、第294師団ではそれぞれ2個中隊編制のみの大隊であった）。こうして各師団の対戦車砲は60〜72門を数えるに至った。

そのうえ、1941年の5月までにさらに第11波〜第15波の師団48個が追加編成された。第11波師団はそれぞれ47門の対戦車砲を持っていた——歩兵連隊対戦車中隊3個（各中隊にPak35/36が9門とPak38が2門）、偵察大隊対戦車小隊1個（37㎜砲3門）、戦車猟兵大隊1個（47㎜フランス式Pak181(f) 3門、37㎜ Pak35/36 8門）。

第12波の6個師団は71門の37㎜対戦車砲と4挺の対戦車重ライフルs.Pz.B.41を保有し、そのうち歩兵連隊対戦車中隊には各12門、偵察大隊には3門、戦車猟兵大隊には32門（＋対戦車ライフル4挺）が配備された。第13波9個師団と第14波8個師団にはそれぞれ21門ずつの対戦車砲があった——歩兵連隊対戦車砲小隊に各3門、戦車猟兵大隊に12門。第15波の15個師団は対戦車砲をまったく持たなかった。

しかも第13波〜第15波師団の戦闘能力は限定的と見なされ、沿岸警備やフランス、ノルウェー、バルカン諸国の占領地域の警備に充てられていた。これらの師団は決まって戦利品の対戦車砲——ポーランド製、ベルギー製、イギリス製、フランス製——を持っていた。ソ連領内の占領地域における警衛活動のために将来の後方地区に

配置する第16波警衛師団9個が編成され、各師団唯一の連隊の下に対戦車中隊を1個ずつ受領した（12門で、しばしば戦利砲だった）。

このほか、ソ連の山岳、森林地帯での行動のためにさらに4個の軽歩兵師団が編成された。これらの師団はそれぞれ歩兵連隊対戦車中隊を2個（37㎜対戦車砲各12門）、偵察大隊に対戦車小隊1個（3門）、戦車猟兵大隊1個（2個中隊、全20門と重対戦車ライフル4挺──合計37㎜砲47門、s.Pz.B.41 4挺）を抱えていた。これらの師団では対戦車砲の運行に戦利品のフランス製豆戦車ルノーUEが使用された。

東部戦線での戦闘活動の過程では対戦車部隊の組織に変化はなく、ただ50㎜砲Pak38の、そして1942年春以降は75㎜ Pak97/38と76.2㎜ Pak36（r）の配備が拡充されていった。

1943年10月2日、ドイツ国防軍部隊が東部戦線で出した大きな損害を踏まえ、陸軍総司令部組織課の指令第3197/43号によって歩兵師団の新たな編制定数が定まった。それまでどおり歩兵連隊（10月15日以降は擲弾兵連隊へ改称）を3個含むものであったが、もはや2個大隊編制の連隊となっていた。各連隊には戦車猟兵中隊が1個あった──ファウストパトロン・パンツァーシュレッケ小隊1個、50㎜対戦車砲Pak38中隊1個（6門）、75㎜対戦車砲Pak40小隊1個（2門）。師団内にはそのほかに対戦車猟兵大隊もあり、本部、第1中隊（37㎜ Pak35/36：6門、50㎜ Pak38：6門）、第2中隊（75㎜ Pak40：12門）、第3中隊（20㎜対空砲12門）からなっていた。

94：鹵獲した50㎜対戦車砲Pak38の傍らに立つ赤軍将兵。西部方面軍、1941年7月。砲の前には弾薬と金属製の弾薬箱（各4発入）が置かれている。これは、ソ連軍部隊が最初に鹵獲したPak38のひとつである可能性がある。（ASKM）

このように、1943年型定数の歩兵師団には対戦車砲が48門あり、そのうち37mmは6門、50mm砲は24門、75mm砲は18門であった。偵察大隊の編制からは対戦車砲小隊が除外された。歩兵師団の新しい編制定数への移行は徐々に進められていったが、対戦車部隊は実際のところ最も雑多な集まりになり得た。そこではドイツ国防軍が保有するあらゆる種類の対戦車砲が見られたからだ。

歩兵師団の再編成のほかに、1943年の8月から1944年の5月にかけて『大西洋の壁』の防衛を任務とする6個の定置師団と、新たな定数にもとづく第21波及び第22波の歩兵15個師団が編成された。また、第25波6個師団の編成も行われたが、そこに戦車猟兵大隊はなく、代わりに戦車猟兵中隊が1個（11門）あるのみで、師団内の対戦車砲の合計は35門であった。連合国軍部隊がノルマンディに上陸した当時（1944年6月）、定置歩兵師団の数は23個にまで増えていた。それらの対戦車部隊の編成はまったくばらばらで（20～60門）、装備の中心は戦利兵器であった。

1944年7月20日には国民擲弾兵師団の編成が始まり、それらは統制上も法的にもH・ヒムラー親衛隊全国指導者に従属していた。ヒムラーはドイツ軍将校グループによるヒットラー暗殺未遂の後に予備役軍司令官に任命されていた。このようなやり方では、それらの兵団の兵装にも能力にも改善すべき余地が残されていたのは当然であった。これらの師団の唯一の対戦車部隊だったのは戦車猟兵大隊で、その装備は18門の口径のまちまちな砲であった。

1945年1月に歩兵師団最後の編制定数が定められた。それによると師団内には、13門の75mm砲Pak40を持つ戦車猟兵大隊1個のみが残されていた。ところが、実際にはこれらの大隊の組織編成はまったくばらばらであった。1945年3月以降の新規部隊編成はそれまでのような中央一元的でなく、より下級の軍集団や軍の司令部にゆだねられた。その結果、新規編成部隊の組織も対戦車砲配備率も（他の兵器についても同様であるが）、採用された定数に適合しないことがしばしばあり、相互にかなり大きく異なっていた。

戦車師団
Panzerdivision

第二次世界大戦勃発時のドイツ国防軍戦車師団は63門（第10師団）、51門（第5及び第9師団）、48門（第1師団）、45門（第4師団）、36門（第2、第3、第6～第8師団）の37mm砲Pak35/36を保有していた。これらの砲は自動車化歩兵連隊の対戦車砲小、中隊（小隊と中隊にはそれぞれ3門、12門が配備され、また連隊には2～3個大隊編制の4種類があり、各師団には1～2個連隊があった）、偵察大

隊所属の対戦車砲小隊（3門配備され、第7師団偵察大隊には当該小隊は欠）、対戦車砲大隊（第1、第2、第5、第9、第10の各師団はそれぞれ3個中隊36門、他の師団は2個中隊24門を保有）に配備されていた。その後戦車師団には統一の編制定数が定められ、このとき対戦車砲大隊は戦車猟兵大隊に改称された。

　1941年6月までにドイツ国防軍の戦車師団は21個を数えるようになり、その一つひとつが51門の対戦車砲を抱えていた（37㎜Pak35/36：41門、50㎜ Pak38：9門）。これらの砲は、自動車化歩兵連隊の3門編制対戦車砲小隊（各師団に4個小隊）、自動二輪大隊並びに偵察大隊の対戦車砲小隊、そして戦車猟兵大隊（3個中隊にして、各中隊はPak35/36を9門とPak38を3門保有）に配備されていた。

　1943年9月24日、陸軍総司令部参謀部によって戦車師団の新たな編制定数が定められ、各師団には27門の75㎜対戦車砲Pak40が配備されることとなった――1個小隊（3門）ずつが師団本部中隊と機甲擲弾兵大隊重火器中隊、また各機甲擲弾兵連隊（各師団に2個連隊、各連隊には2個大隊）の編制に組み込まれた。戦車猟兵大隊は自走砲（14両）を配備されていたが、それがしばしば不足していたために機械牽引の対戦車砲を運用していた。

　1944年8月3日に戦車師団の編制定数は再び変更された。今度は75㎜砲Pak40の数が合計13門になった。そのうち12門は戦車猟兵大隊牽引砲中隊に配備され（Pak40砲1門につき自衛用のMG34軽機関銃1挺）、師団予備大隊に1門残された。野戦砲架の対戦車砲のほかに、戦車猟兵大隊には2個の突撃砲中隊（各14両）と本部中隊（突撃砲3両とSd.Kfz.251装甲兵員輸送車1両）があった。1945年3月25日に定められたドイツ国防軍最後の戦車師団編制定数では、対戦車砲が戦車猟兵大隊の編制から完全に除外され、その代わりに自走砲（Jagdpanzer Ⅳまたはヘッツァー）と75㎜砲Pak40搭載Sd.Kfz.251/22装甲兵員輸送車の使用が想定されることとなった。

機甲擲弾兵師団
Panzergrenadier Division

　1941年6月までに編成されていた10個の自動車化歩兵師団（第3、第10、第14、第16、第18、第20、第25、第29、第36、第60師団は1943年夏に機甲擲弾兵師団に改称）は、それぞれ75門の対戦車砲（37㎜砲Pak35/36：66門、50㎜砲Pak38：9門）を持ち、その各歩兵大隊に所属の対戦車砲中隊には12門ずつあり（1個師団は3個大隊編制の連隊を2個含む）、また3門編制の対戦車砲小隊が偵察大隊と自動二輪大隊に各1個含まれ、そして残る33門は戦車猟兵

95-96：撤退するドイツ軍が、ある集落に車輪を装着した姿勢のまま遺棄した88㎜対戦車砲Pak43。第1ベロルシア方面軍、1944年春。基本塗装の上から施された明るい色の短冊形迷彩に注目されたい。（ASKM）

95

96

97

97：1944年夏のバグラチオン作戦時に赤軍部隊が鹵獲したドイツ軍の対戦車砲──75㎜対戦車砲Pak97/38（1門目、3門目）、76.2㎜対戦車砲Pak36（r）（2門目、4門目）。Pak97/38にはダークイエローの細い帯状の、またPak36（r）には斑状の迷彩が施されている。（ASKM）

大隊の中にあった（Pak35/36を8門とPak38を3門持つ中隊3個で編成）。

　1943年9月24日に機甲擲弾兵師団は新たな編制定数を定められ、それによると36門のPak40を保有することになった──3門編制小隊が機甲擲弾兵連隊本部中隊（師団内に2個連隊）と機甲擲弾兵大隊重火器中隊（連隊内に3個大隊）に各1個あり、12門のPak40からなる中隊1個が戦車猟兵大隊に組み込まれた（同大隊にはこのほかに各14両編制の突撃砲中隊が2個あった）。1944年8月13日、新規編制定数への移行にあたり、機甲擲弾兵師団の75㎜対戦車砲の数は19門に減らされた──それらは機甲擲弾兵大隊重火器中隊からは回収され、連隊本部中隊と戦車猟兵大隊の中に残され、さらに1門のPak40が師団予備大隊に加えられた。

独立戦車猟兵大隊
Panzerjäger-Abteilung

　1939年の戦争前の動員計画では、軍事行動開始後のドイツ国防軍の中に陸軍総司令部（OKH）直轄の対戦車砲大隊10個と軍直轄の9個大隊が編成されることになっていた。編制定数表によると、これらの部隊は12門の機械牽引式37㎜砲Pak35/36を持つ中隊3個（大隊計36門）からなり、3桁の部隊番号を持っていた。ところが1939年の秋に始まった編成作業の過程でこれらの部隊の数は14個

に減らされ、しかも編成された部隊のすべてが37㎜砲を受領したわけではまったくなかった。

　その結果フランス作戦開始時のドイツ国防軍が擁する37㎜砲Pak35/36大隊は7個のみで（4個は軍直轄、3個はOKH直轄）、4個大隊は自走砲PanzerjägerⅠ（各18両）を受領し、残る3個大隊の兵装は機械牽引式の88㎜対空砲Flak36（各12門）であった。そして1940年4月1日以降対戦車砲大隊は戦車猟兵大隊（Panzerjäger-Abteilung）と改称された。

　1941年の夏までこれらの大隊の数は前のままで、ただその兵装だけが変わった――88㎜対空砲の運用を止め、一部の大隊は自走砲を、また別の大隊は37㎜対戦車砲Pak35/36を受領した。

　6月22日当時のドイツ国防軍で機械牽引式37㎜対戦車砲Pak35/36を持つ戦車猟兵大隊は次のとおりである――第463大隊（『ノルウェー』軍）、第563大隊（北方軍集団、第18軍第26軍団）、第654大隊（中央軍集団、第2戦車集団第12軍団）、第525大隊（南方軍集団、第17軍第49軍団）、第652大隊（南方軍集団、第1戦車集団第3軍団）、第560大隊（南方軍集団、第11軍第9軍団）。このほか8個大隊（第521、第529、第559、第561、第611、第616、第643、第670）が自走砲で武装された。後に機械牽引砲を装備する大隊は50㎜及び75㎜対戦車砲を受領し、1943年～1944年にはそれらがマルダー自走砲に更新された。

98：ソ連軍戦車に踏み潰された37㎜対戦車砲Pak35/36。中央方面軍、1943年7月、ボドソブーロヴォ村の南東（オリョール方面）。Pak35/36用の弾薬12発入り金属製弾薬箱が見え、砲身と駐退機には迷彩が確認できる。（ASKM）

1943年の夏、88mm対戦車砲を装備する陸軍直轄重戦車猟兵大隊（schwere-Heeres-Panzerjäger-Abteilung（8.8cm））の編成が始まった。これらの大隊は88mm砲Pak43もしくはPak43/41を各12門持つ3個中隊からなっていた。これらの部隊は陸軍司令部予備とされ、軍集団やとりわけ重要な防衛戦区にある軍に付与されていた。

　1943年の秋には軍直轄戦車猟兵大隊（Armee-Panzerjäger-Abteilung）の編成が着手され、各軍団には75mm対戦車砲Pak40を12門ずつ保有する中隊が4個（時に3個）あった。大隊はしばしば軍の司令部に従い、その判断に基づいて使用された。これと同じような運用をされたのが戦車駆逐大隊（Panzer-Zerstörer-Bataillon）で、1943年の9月から編成が開始された。88mm対戦車砲をそれぞれ8門保有する中隊3個または4個からなっていた。

　このほか、砲兵対戦車大隊（Artillerie-Pak-Abteilung（bo））という、9門の88mm砲Pak43またはPak43/41を持つ中隊3個からなる部隊もあった。編成は1944年の6月に始まり、決まって軍の砲兵課長の指揮下に置かれた。

　現時点で筆者は、野戦砲架搭載砲で武装された59個の独立対戦車部隊に関する資料を持っている。そのリストを以下に示そう。

■戦車猟兵大隊

第463戦車猟兵大隊（Panzerjäger-Abteilung 463）

　1940年9月15日、ノルウェーにて編成され、本部及び戦車猟兵中隊3個（第303、第304、第305）からなり、各中隊には37mm砲Pak35/36を12門配備。1941年6月当時はフィンランド駐留のド

99-100：戦利品――75㎜対戦車砲Pak40、マウザー騎兵銃98K、機関銃MG34及びMG42、対戦車ロケットランチャーR.PZ.B54/1――を検分する赤軍兵たち。西部方面軍、スモレンスク地区、1943年夏。対戦車砲は二色迷彩が施され、写真99では75㎜弾薬用の金属製弾薬筒が見える。（ASKM）

イツ山岳軍団に属し、カレリアでの戦闘に参加。1942年6月28日時点でPak35/36を21門、対戦車重ライフルs.Pz.B.41を3挺保有。1943年7月1日には50㎜砲Pak38中隊を3個擁していた。1944年秋までカレリアとフィンランドで行動。

第525戦車猟兵大隊（Panzerjäger-Abteilung 525）

1939年秋の編成、1940年5月には88㎜対空砲Flak36を各4門保有する中隊を3個擁してフランス作戦に参加。1941年6月までに37㎜対戦車砲Pak35/36に改変（各中隊に12門）。1941年の末まで南方軍集団第17軍で行動し、大きな損害を出した（1個中隊は9月に全滅）。1942年、76.2㎜砲Pak36(r)搭載の自走砲に改変される。

第543戦車猟兵大隊（Panzerjäger-Abteilung 543）

1939年秋に編成され、1940年5月には37㎜対戦車砲Pak35/36を各12門保有する中隊3個をもって対フランス侵攻作戦に参加。1941年1月21日、第3戦車師団に編入される。

第560戦車猟兵大隊（Panzerjäger-Abteilung 560）

1939年秋に編成され、1940年5月には88㎜対空砲Flak36各4門保有の中隊3個を抱えて対フランス戦に従事。1941年6月までに37㎜対戦車砲Pak35/36に改変（1個中隊につき12門）。1941年の末まで南方軍集団第11軍の中で行動。1942年5月22日、75㎜対戦車砲に改変――6月28日の時点でPak40中隊2個とPak97/38中隊1個（各中隊に12門配備）を擁する。1942年6月にヴァイヒス戦闘団に編入されて行動し、9月28日に第27戦車師団所属の戦車猟兵大隊

に改編された。

第563戦車猟兵大隊（Panzerjäger-Abteilung 563）
1939年秋に編成され、1940年5月には37㎜対戦車砲Pak35/36を各12門保有する中隊3個をもって対フランス侵攻作戦に参加。1941年6月には北方軍集団第18軍にあって、Pak35/36各12門の中隊2個と8門のPak35/36並びに4挺の対戦車重ライフルs.Pz.B.41を持つ中隊1個を数える。同軍の下で1942年12月まで行動し、1943年1月にマルダー自走砲に装備改変された。

第590戦車猟兵大隊（Panzerjäger-Abteilung 590）
1943年10月2日、Pak40対戦車砲12門をもってイタリアで編成。10月31日までに砲数は17門に増える。1944年2月にはアンツィオ郊外にて第14軍で行動。その後第10軍に移り終戦を迎える。

第652戦車猟兵大隊（Panzerjäger-Abteilung 652）
1939年秋に編成され、1940年5月には37㎜対戦車砲Pak35/36を各12門保有する中隊3個をもって対フランス作戦に参加。1941年6月にはPak35/36各12門の中隊2個と8門のPak35/36並びに4挺の対戦車重ライフルs.Pz.B.41を保有する中隊1個を抱えて第1戦車集団に編入される。1941年7月13日、南方軍集団第6軍に移り同年末まで行動、1942年4月9日に大隊は編成を解かれた。

第654戦車猟兵大隊（Panzerjäger-Abteilung 654）
1939年秋の編成、1940年5月には37㎜対戦車砲Pak35/36各12門の中隊3個をもってフランス作戦に参加。1941年6月は第2戦車集団の麾下にあり、Pak35/36各12門の中隊2個と8門のPak35/36並びに4挺の対戦車重ライフルs.Pz.B.41を持つ中隊1個を抱えていた。7月10日に中央軍集団第4軍へ、また8月末には同集団第2軍へと移った。1942年の春に装備改変のため同軍の編制から外れ、6月2日に75㎜砲Pak40中隊2個と75㎜砲Pak97/38中隊1個（各中隊に12門配備）を擁してヴァイヒス戦闘団に入る。1942年12月まで第2軍の中で行動し、その後マルダー自走砲に改変された。

■陸軍直轄重戦車猟兵大隊

第654陸軍直轄重戦車猟兵大隊
(schwere-Heeres-Panzerjäger-Abteilung 654 (8.8cm))
1943年11月にオランダで第654戦車猟兵大隊（Panzerjäger-Abteilung 654）として編成、1944年5月18日にブレダに移される。6月1日時点でソミュア戦車2両、PanzerjägerⅠ駆逐戦車6両、75㎜砲Pak40を9門、50㎜砲Pak38及び88㎜砲Pak43/41を各6門保有。ノルマンディで行動していた。

1944年11月、第654陸軍直轄重戦車猟兵大隊（schwere-Heeres-Panzerjäger-Abteilung 654）に改編され、88㎜対戦車砲各12門保

101：戦闘準備中の88㎜対戦車砲Pak43/41。ハンガリー、1944年秋。この砲はその大きさのために、射撃陣地において偽装するのが容易ではなかった。（ASKM）

有の中隊3個を受領。B軍集団第17軍で行動。

第657陸軍直轄重戦車猟兵大隊
（schwere-Heeres-Panzerjäger-Abteilung 657（8.8cm））

　1944年11月、第684陸軍直轄重戦車猟兵大隊（schwere-Heeres-Panzerjäger-Abteilung 684（8.8cm））を改称して編成される。終戦まで西部戦線で行動した。

第661陸軍直轄重戦車猟兵大隊
（schwere-Heeres-Panzerjäger-Abteilung 661（8.8cm））

　1943年7月、南方軍集団第6軍の下で編成。1945年2月19日、ベルゲン（ノルウェー）にて編成解除となり、第682、第683、第686各戦車猟兵大隊の補充に使われた。

第662陸軍直轄重戦車猟兵大隊
（schwere-Heeres-Panzerjäger-Abteilung 662（8.8cm））

　1943年7月10日、第1戦車軍の下でB重戦車猟兵大隊（schwere-Heeres-Panzerjäger-Abteilung B）として編成され、後に第662大隊に改称される。1944年1月は南方軍集団第8軍の麾下、キロヴォグラード郊外（ウクライナ）にて行動。1944年12月には88㎜対戦車砲各12門保有の2個中隊をもって第15軍第3落下傘師団を支援した。

第663陸軍直轄重戦車猟兵大隊
（schwere-Heeres-Panzerjäger-Abteilung 663（8.8cm））

　1943年7月、ケンプフ戦闘団の中にC重戦車猟兵大隊（schwere-Heeres-Panzerjäger-Abteilung C）として編成され、後に第663大隊に改称される。1943年11月は南方軍集団第1戦車軍第76歩兵師団を支援した。

第664陸軍直轄重戦車猟兵大隊
（schwere-Heeres-Panzerjäger-Abteilung 664（8.8cm））

　1943年8月1日、第3戦車軍に編成される。1945年2月2日は第4戦車師団の麾下に東プロイセンで行動していたが、その内実は12門の88㎜対戦車砲を持つ中隊1個のみであった。

第665陸軍直轄重戦車猟兵大隊
（schwere-Heeres-Panzerjäger-Abteilung 665（8.8cm））

　1943年7月10日〜同23日にかけて第2戦車軍に編成される。1943年11月には編成を解かれ、第743戦車猟兵大隊の編制定数の充足に使われた。

第666陸軍直轄重戦車猟兵大隊
（schwere-Heeres-Panzerjäger-Abteilung 666（8.8cm））

　1943年7月19日、北方軍集団に編成される。1944年1月は第16軍第23軍団の支援に従事し、1945年5月7日時点はクーアラントの第18軍の麾下にあった。

第667陸軍直轄重戦車猟兵大隊
（schwere-Heeres-Panzerjäger-Abteilung 666（8.8cm））

　1943年7月19日、北方軍集団に編成される。1944年1月は第16軍第23軍団の支援に従事し、1945年5月7日時点はクーアラントの第18軍の麾下にあった。

第668陸軍直轄重戦車猟兵大隊
（schwere-Heeres-Panzerjäger-Abteilung 668（8.8cm））

　1944年11月、第685陸軍直轄重戦車猟兵大隊（schwere-Heeres-Panzerjäger-Abteilung 685（8.8cm））を改称して編成される。終戦まで西部戦線で行動した。

第681陸軍直轄重戦車猟兵大隊
（schwere-Heeres-Panzerjäger-Abteilung 681（8.8cm））

　1944年9月15日、第21軍団に編成される。1944年12月はG軍集団第1軍の支援に従事したが、兵器をすべて失った。1944年2月にシュプレンベルクで復活し、1945年3月はSSデルリヴァンゲル歩兵師団を支えた。

第682陸軍直轄重戦車猟兵大隊
（schwere-Heeres-Panzerjäger-Abteilung 682（8.8cm））

　1944年9月15日第21軍団に編成され、1944年12月にはB軍集団

第14軍の下で行動。12月10日時点で27門の88㎜対戦車砲を保有し、そのうち修理を必要とするのは3門であったが、12月19日には可動砲は13門、要修理の砲は8門、全損は6門となり、12月30日になると使用可能な砲として残ったのは12門だけであった。1945年2月、大隊はベルゲンにいた。

第683陸軍直轄重戦車猟兵大隊
（schwere-Heeres-Panzerjäger-Abteilung 683（8.8cm））

1944年9月8日、第10軍団に編成。1944年12月16日の時点ではB軍集団SS第6戦車軍の麾下、21門の88㎜対戦車砲で行動していた。1945年2月は大隊はベルゲンにいた。

102：この写真は88㎜対戦車砲Pak43/41を人力で移動するのに、どれほどの労力を必要としたのかを如実に物語っている。フランス、1944年9月。左側だけでも10名を下らぬ人間が砲を押している。この作業には少なくとも20〜22名があたっているようだ。（RGAKFD）

第684陸軍直轄重戦車猟兵大隊
(schwere-Heeres-Panzerjäger-Abteilung 684（8.8cm）)

　1944年10月に第3軍団の下で編成されたが、同年11月には第657陸軍直轄重戦車猟兵大隊（schwere-Heeres-Panzerjäger-Abteilung 657（8.8cm））に改称され、西部戦線に投入された。

第685陸軍直轄重戦車猟兵大隊
(schwere-Heeres-Panzerjäger-Abteilung 685（8.8cm）)

　1944年10月に第3軍団に編成されるが、翌11月には第668陸軍直轄重戦車猟兵大隊（schwere-Heeres-Panzerjäger-Abteilung 668（8.8cm））へ改称され、西部戦線に移された。

■軍直轄戦車猟兵大隊

第721軍直轄戦車猟兵大隊（Armee-Panzerjäger-Abteilung 721）
　1944年1月、第1戦車軍の中にPak40対戦車砲各12門を持つ中隊2個で編成。1945年1月にはプラハ地区にいた。

第742軍直轄戦車猟兵大隊（Armee-Panzerjäger-Abteilung 742）
　1943年10月1日、第3戦車軍にPak40対戦車砲各12門を持つ中隊4個で編成。1944年4月、マルダー自走砲に改変される。

第743軍直轄戦車猟兵大隊（Armee-Panzerjäger-Abteilung 743）
　1943年11月3日、中央軍集団第9軍にPak40対戦車砲各12門を持つ中隊3個で編成。1944年2月にはボブルーイスク郊外（白ロシア

103：ベルリン南東の射撃陣地にドイツ軍が遺棄した88㎜対戦車砲Pak43を検分する赤軍兵。1945年4月。十字型砲架と上部砲架との連結部分がよく見える。防楯の右側に固定された弾薬箱（6発入）に注目。（ASKM）

共和国東部）にて第9軍の麾下で行動。同年4月にはマルダー自走砲に改変される。

第752軍直轄戦車猟兵大隊（Armee-Panzerjäger-Abteilung 752）

1943年10月1日、北方軍集団第18軍の中にPak40対戦車砲各12門を持つ中隊4個で編成。1944年1月には牽引式のPak40のほかに、軽装甲の操縦室を持つRSO牽引車に搭載されたPak40を8門保有。1944年11月10日、3個中隊の兵装を88㎜対戦車砲各12門に改変する。1945年5月は第18軍の編制下、クーアラントにいた。

第753軍直轄戦車猟兵大隊（Armee-Panzerjäger-Abteilung 753）

1943年10月1日、北方軍集団第18軍にPak40対戦車砲各12門を持つ中隊4個で編成。北方軍集団第18軍および第16軍の麾下で行動。1945年5月はクーアラントにいた。

第754軍直轄戦車猟兵大隊（Armee-Panzerjäger-Abteilung 754）

1944年1月16日、北方軍集団第16軍に編成されるも、実際にはPak40対戦車砲12門を持つ中隊が1個あるのみであった。その後の運命については資料が欠けている。

■戦車駆逐大隊

第468戦車駆逐大隊（Panzerzerstörer-Bataillon 468）

1944年10月、機械牽引式対戦車砲各6門保有の中隊2個によって編成。1945年は第19軍の中でライン河地区にて行動。

第470戦車駆逐大隊（Panzerzerstörer-Bataillon 470）

1945年にA軍集団に編成。戦闘編制に関する情報はない。

第471戦車駆逐大隊（Panzerzerstörer-Bataillon 471）

1943年12月、第1戦車軍に機械牽引式対戦車砲各8門保有の中隊2個によって編成。1944年9月には第24戦車師団戦車猟兵大隊に改編された。

第472戦車駆逐大隊（Panzerzerstörer-Bataillon 472）

1943年11月12日、第18軍に機械牽引式対戦車砲各8門保有の中隊3個によって編成。1944年1月5日には第8軍に移される。キロヴォグラード郊外で戦闘活動に従事していたが、1944年8月に白ロシア共和国で壊滅。1944年10月6日に編成解除となった。

第473戦車駆逐大隊（Panzerzerstörer-Bataillon 473）

1943年12月、第4戦車軍に機械牽引式対戦車砲各8門保有の中隊3個によって編成。1944年5月9日に部隊解散。

第474戦車駆逐大隊（Panzerzerstörer-Bataillon 474）

1943年12月、第2軍に機械牽引式対戦車砲各8門保有の中隊3個によって編成。1944年の夏は中央軍集団の中で行動していた。

第475戦車駆逐大隊（Panzerzerstörer-Bataillon 475）

1943年12月、第9軍に機械牽引式対戦車砲各8門保有の中隊3個

によって編成。1944年の夏は中央軍集団第2軍の中で行動。

第476戦車駆逐大隊（Panzerzerstörer-Bataillon 476）

1943年12月、第4軍に機械牽引式対戦車砲各8門保有の中隊3個によって編成。

第477戦車駆逐大隊（Panzerzerstörer-Bataillon 477）

1943年9月29日、第18軍に機械牽引式対戦車砲各8門保有の中隊4個によって編成。1944年5月に編成を解かれ、兵器は他の対戦車部隊の補充に使われた。

第478戦車駆逐大隊（Panzerzerstörer-Bataillon 478）

1943年9月29日、第18軍に機械牽引式対戦車砲各8門保有の中隊4個によって編成。1944年5月14日に編成を解かれ、兵器は他の対戦車部隊の補充に使われた。

第479戦車駆逐大隊（Panzerzerstörer-Bataillon 479）

1944年末に北方軍集団に編成されたが、兵員、装備は定数を満たしていなかった。

第485戦車駆逐大隊（Panzerzerstörer-Bataillon 485）

1943年9月29日、第18軍に機械牽引式対戦車砲各8門保有の中隊4個によって編成。1944年5月14日に編成を解かれ、装備は他の対戦車部隊の補充に使われた。

第486戦車駆逐大隊（Panzerzerstörer-Bataillon 486）

1943年10月22日、第1軍に機械牽引式対戦車砲各8門保有の中隊1個によって編成。同年11月にメツ近郊で壊滅。

■砲兵対戦車大隊

第1037砲兵対戦車大隊（Artillerie-Pak-Abteilung 1037(bo)）

1944年6月にフランスにて88mm対戦車砲各9門保有の砲兵中隊3個により編成。1944年9月、ラ・ロシェリ地区にて壊滅。

第1038砲兵対戦車大隊（Artillerie-Pak-Abteilung 1038(bo)）

1944年6月、第3軍団の中に88mm対戦車砲各9門保有の砲兵中隊3個により編成。1944年8月、フランスにて壊滅。

第1039砲兵対戦車大隊（Artillerie-Pak-Abteilung 1039(bo)）

1944年6月、ドイツにて88mm対戦車砲各9門保有の砲兵中隊3個により編成。翌7月はノルマンディにあって、7月19日の戦闘でアメリカ戦車35両を殲滅。7月24日時点の保有火器は88mm砲14門と75mm砲3門であった。1944年9月10日に部隊解散となる。

第1040砲兵対戦車大隊（Artillerie-Pak-Abteilung 1040(bo)）

1944年6月に88mm対戦車砲各9門保有の砲兵中隊3個により編成されるが、受領した砲は14門に過ぎなかった。その夏にはフランスでの戦闘に参加したが、1944年9月10日に部隊解散となる。

第1041砲兵対戦車大隊（Artillerie-Pak-Abteilung 1041(bo)）

104：オリョール方面での赤軍部隊の反攻作戦中に破壊された75㎜対戦車砲Pak97/38。中央方面軍、1943年7月、ポドソブーロヴォ村の南東。手前にPak97/38用の成形炸薬弾が散乱している。（ASKM）

　1944年6月に88㎜対戦車砲各9門保有の砲兵中隊3個により編成されるが、受領した砲は14門に過ぎなかった。第15軍に編入されてパリ近郊で行動し、その後はSS第2戦車師団『ダス・ライヒ』を支援。1944年9月に編成を解かれた。

第1053砲兵対戦車大隊（Artillerie-Pak-Abteilung 1053（bo））

　1944年6月に75㎜対戦車砲各9門保有の砲兵中隊3個により編成されるが、受領した砲は14門に過ぎなかった。第15軍に編入されて第346歩兵師団と第86軍団を支援。1944年10月10日に編成解除となる。

第1054砲兵対戦車大隊（Artillerie-Pak-Abteilung 1054（bo））

　1944年6月、88㎜対戦車砲各9門保有の砲兵中隊3個により編成。同年8月、ルーマニアにて壊滅。

第1056砲兵対戦車大隊（Artillerie-Pak-Abteilung 1056（bo））

　1944年6月、88㎜対戦車砲各9門保有の砲兵中隊3個により編成。同年8月、ルーマニアにて壊滅。

第1057砲兵対戦車大隊（Artillerie-Pak-Abteilung 1057（bo））

　1944年6月に88㎜対戦車砲各9門保有の砲兵中隊3個により編成。中央軍集団第4軍の麾下、ポーランド、そして東プロイセンで行動したがそこで壊滅した。

第1058砲兵対戦車大隊（Artillerie-Pak-Abteilung 1058（bo））
　1944年6月に88㎜対戦車砲各9門保有の砲兵中隊3個により編成される。中央軍集団第2軍に編入されるが、同年7月26日に部隊解散。

第1059砲兵対戦車大隊（Artillerie-Pak-Abteilung 1059（bo））
　1944年6月に88㎜対戦車砲各9門保有の砲兵中隊3個により編成される。中央軍集団第2軍に編入される。

第1060砲兵対戦車大隊（Artillerie-Pak-Abteilung 1060（bo））
　1944年6月に88㎜対戦車砲各9門保有の砲兵中隊3個により編成される。中央軍集団第3戦車軍に編入されるが、同年7月に壊滅。

第1061砲兵対戦車大隊（Artillerie-Pak-Abteilung 1061（bo））
　1944年6月に88㎜対戦車砲各9門保有の砲兵中隊3個により編成。中央軍集団第2軍に編入されるが、同年12月に第1064陸軍直轄砲兵大隊（Heeres-Artillerie-Abteilung 1064）に改編。1945年、ダンツィヒにて壊滅。

第1062砲兵対戦車大隊（Artillerie-Pak-Abteilung 1062（bo））
　1944年6月に88㎜対戦車砲各9門保有の砲兵中隊3個により編成される。中央軍集団第2軍に編入されるが、同年12月に第1062陸軍直轄砲兵大隊（Heeres-Artillerie-Abteilung 1062）に改編。1945年、東プロイセンにて壊滅。

第1063砲兵対戦車大隊（Artillerie-Pak-Abteilung 1063（bo））
　1944年6月に88㎜対戦車砲各9門保有の砲兵中隊3個により編成される。1944年の末は第4軍の下で東プロイセンにて行動。当地で第1063陸軍直轄砲兵大隊（Heeres-Artillerie-Abteilung 1063）に改編。しかし1945年に壊滅する。

105：ソ連軍の砲撃で大破した75㎜対戦車砲Pak97/38。第2ウクライナ方面軍、1944年夏。砲身と防楯に施された迷彩がよく分かる。（ASKM）

106：アルデンヌの戦いで鹵獲された128㎜砲K81/1（砲架はフランス製GPF155㎜カノン砲用）を検分するアメリカ兵たち。1945年1月。（ASKM）

第1064砲兵対戦車大隊（Artillerie-Pak-Abteilung 1064（bo））

1944年6月に88㎜対戦車砲各9門保有の砲兵中隊3個により編成される。同年8月には中央軍集団に入る。1944年12月に第1064陸軍直轄砲兵大隊（Heeres-Artillerie-Abteilung 1064）に改編。

第1065砲兵対戦車大隊（Artillerie-Pak-Abteilung 1065（bo））

1944年6月に88㎜対戦車砲各9門保有の砲兵中隊3個により編成される。同年10月にはリトアニアで行動していたが、同年12月に第1065陸軍直轄砲兵大隊（Heeres-Artillerie-Abteilung 1065）に改編された。

砲兵軍団
Artillerie-Korps

独立部隊であった対戦車砲専門部隊のほかに、ある程度の数の対戦車砲が砲兵部隊の編制にも加えられていた。その一例が、1944年の秋に編成が始まった国民砲兵軍団（Volks-Artillerie-Korps）である。この軍団の編制は定数表によると、本部と本部中隊、砲兵音響偵察中隊［聴測機器によって砲撃目標の発見、特定をする部隊］、105㎜軽野戦榴弾砲大隊（leFH 18：18門）大隊、105㎜大隊（K 18：12門）、戦利122㎜ソ連式榴弾砲M-30大隊（sFH 396(r)：12門）、戦利152㎜ソ連式加農榴弾砲ML-20大隊（FH 433(r)：12門）、75㎜対戦砲大隊（Pak40：18門）、170㎜砲中隊（K18：3門）、210㎜臼砲中隊2個（Mrs18：計6門）となっていた。しかし実際の軍団の構成はまちまちであった。このような軍団は全部で15個編成されたが、そのうち11個だけが対戦車砲を保有していた。

第388国民砲兵軍団（Volks-Artillerie-Korps 388）

1944年10月10日に編成。同年12月16日時点で砲87門を数え、そのうち75㎜砲Pak40と88㎜砲Pak43はそれぞれ18門であった。SS第6戦車軍の下でアルデンヌ攻勢作戦に参加、後にライン河地区の戦闘に従事した。

第401国民砲兵軍団（Volks-Artillerie-Korps 401）

1944年11月4日に編成。同年12月16日時点で砲72門を数え、そのうち18門が75㎜砲Pak40であった。アルデンヌ攻勢作戦に参加し、その後はヴェッセル地区の戦闘に従事した。

第402国民砲兵軍団（Volks-Artillerie-Korps 402）

1944年11月に編成。同年12月4日時点で砲72門を数え、そのうち18門が75㎜砲Pak40であった。アルデンヌ攻勢作戦に参加した。

第403国民砲兵軍団（Volks-Artillerie-Korps 403）

1944年11月に編成。同年12月4日時点で砲87門を数え、そのうち18門が88㎜砲Pak43であった。1945年初頭はハンガリーで行動。

第405国民砲兵軍団（Volks-Artillerie-Korps 405）

1944年11月に編成。同年12月16日時点で砲72門を数え、そのうち18門が75㎜砲Pak40であった。1945年はシュレジエン地方で行動していた。

第406国民砲兵軍団（Volks-Artillerie-Korps 406）

1944年11月に編成。同年12月16日時点で砲72門を数え、その

107：ダンツィヒの外れで鹵獲された76.2㎜対戦車砲Pak36(r)。第2ベロルシア方面軍、1945年3月。この砲には三色迷彩が施され、脚の間には空薬莢が転がっている。（ASKM）

108：ドイツ第25歩兵師団第25戦車猟兵大隊所属の75/55㎜対戦車砲Pak41。東部戦線、1942年夏。防楯の構造がよく分かる。(ASKM)

うち18門が75㎜砲Pak40であった。アルデンヌ攻勢作戦に参加した。

第407国民砲兵軍団 (Volks-Artillerie-Korps 407)

　1944年11月に編成。同年12月16日時点で砲72門を数え、そのうち18門が75㎜砲Pak40であった。アルデンヌ攻勢作戦に参加し、その後はケルン近郊の戦闘に従事した。

第408国民砲兵軍団 (Volks-Artillerie-Korps 408)

　1944年11月に編成。同年12月16日時点で砲72門を数え、そのうち18門が75㎜砲Pak40であった。アルデンヌ攻勢作戦に参加し、その後はオーデル河地区の戦闘に従事した。

第409国民砲兵軍団 (Volks-Artillerie-Korps 409)

　1944年11月に編成。同年12月16日時点で砲72門を数え、そのうち18門が75㎜砲Pak40であった。第5戦車軍を支援した。

第766国民砲兵軍団 (Volks-Artillerie-Korps 766)

　1944年9月に編成。同年12月16日時点で砲81門を数え、そのうち18門が75㎜砲Pak40であった。アルデンヌ攻勢作戦に参加し、その後はライン河地区とルール地区の戦闘に従事した。

第4章
ドイツ対戦車砲の効果
ЭФФЕКТИВНОСТЬ НЕМЕЦКОЙ ПРОТИВОТАНКОВОЙ АРТИЛЛЕРИИ

　ドイツ国防軍の対戦車砲射撃の効果と赤軍の戦車に対するドイツ砲弾の効果を示す例として、それらの射撃テストに関するソ連側報告書の中身をいくつか抜粋して、以下に紹介しよう。筆者はその内容についていかなる結論も行わず、読者自身に公文書データに基づいて判断を下していただこうと思う。

　1942年9月25日から同10月9日にかけてゴーリキー州（現ニジェゴロド州）ゴロホヴェーツ砲兵演習場で実施されたT-34中戦車の車体各部位に対する射撃テストの報告書から──
「量産型T-34の」装甲車体並びに砲塔の各部位を「ドイツ及びわが国製造の成形炸薬弾並びに硬芯徹甲弾により」射撃。戦利ドイツ対戦車砲──37㎜Pak35/36と50㎜Pak38、またわが国の76㎜連隊砲1927年型と45㎜対戦車砲1934年型が使用された。テスト結果は以下の通りである：
「T-34車体側面が貫徹されるのは──
50mm硬芯徹甲弾、命中角0度、距離1,250m以下の射撃；
50mm硬芯徹甲弾、命中角30度、距離800m以下の射撃；
37mm硬芯徹甲弾、命中角0度、距離400m以下の射撃；
37mm硬芯徹甲弾、命中角30度、距離200m以下の射撃……

　T-34車体上部側面傾斜装甲が貫徹されるのは──
50mm硬芯徹甲弾、命中角40度、距離500m以下の射撃……

　T-34砲塔側面が貫徹されるのは──
50mm硬芯徹甲弾、命中角30度、距離700m以内の射撃；
37mm硬芯徹甲弾、命中角0度、距離150m以下の射撃……
　車体上部前面装甲板はドイツ製硬芯徹甲弾によっても、わが国製造の硬芯徹甲弾によっても貫徹できない」。

　次は、ソ連戦車産業人民委員部の決定により1942年11月7日から同17日の間に実施された、戦利ドイツ砲によるソ連製戦車に対する徹甲弾射撃テストの報告書からの抜粋である。
　テストにはT-60とT-34、それにカナダ製ヴァレンタイン（文書中には"ヴァレンチン"とある）の各戦車が加わり、射撃は37㎜砲

Pak35/36、50㎜砲Pak38、75㎜砲Pak97/38（報告書では75㎜軽対戦車砲とある）によって行われた。砲弾は次のタイプが使用されている：37㎜徹甲弾及び硬芯徹甲弾、50㎜徹甲弾（50㎜硬芯徹甲弾が少なかったため）、75㎜徹甲弾。その上で報告書にはこう書かれている──

「偵察情報によると、75㎜対戦車砲弾薬の主力はいわゆる"装甲焼穿"弾であるが、それらが欠如していることからテストは行われなかった。また、75㎜砲による十分なテストも、徹甲弾の備蓄が少なかった（このタイプの砲弾はわずか45発しかなかった）ために不可能であった」。

　テストの目的は、選ばれた戦車の装甲を貫徹する可能性を距離600m（"近接戦闘距離"）以下と距離1,200m（"中距離戦闘距離"）以下とで確認し、そのデータをNII-13（第13科学試験研究所）の計算値と比較して、国産戦車の装甲防御の強化に関する提言をまとめることであった。

「Ⅰ.　T-60戦車は重量の点で、また兵装、装甲防御の点でも軽戦車に属する。このタイプの戦車を装備した部隊の損害水準が高いことは、T-60戦車の装甲厚がファシズムドイツの対戦車兵器の大半に対する防御に十分でないことを想像させる。
戦車の装甲の構成は：
30㎜──高硬度前面下部装甲板；
15㎜──高硬度前面上部装甲板；
35㎜──中硬度（鋳造）装甲操縦室；
25㎜──高硬度側面装甲板。
　当該戦車の側面装甲板は口径37㎜〜75㎜の徹甲弾から防御できないため、射撃は正面方向から、また側面に対しては対向針路角40度から行い……

　37㎜砲36年型からは全部で35発の射撃を行う。調査対象の装甲部分に正確に命中させるため、射撃は距離100mから実施。距離400〜600m及び距離1,000mの模擬試験は、徹甲弾の装薬量をしかるべく減らすことによって実施。T-60戦車に対する硬芯徹甲弾による射撃は実施せず。
　射撃記録は第1表に掲載。

第1表：　　　命中弾　　貫徹弾孔　結果
37㎜砲　　　34発　　　23箇所　　68%

　結論：T-60戦車の装甲防御は、ここに示すいかなる種類の対戦車砲であれ、それを装備する敵との戦闘に当該戦車を用いるに不十

分なものである。

II. 『ヴァレンチン』戦車は……装甲を改良した軽戦車である。その防御は、前面部においては中硬度の（厚さ）30㎜～64㎜のクロム・ニッケル・モリブデン装甲板と側面部においては（厚さ）62㎜の装甲板である……

『ヴァレンチン』戦車の装甲車体に50㎜対戦車砲38年型と75㎜軽対戦車砲による徹甲弾射撃が行なわれた。これまでの37㎜対戦車砲36年型による同車への射撃は、同車の高い防御水準を示したからである。

射撃は距離200mから実施。距離600m及び1,000mの模擬試験は、発射薬の量をしかるべく減らすことによって行い……

射撃記録は第2表に掲載。

第2表：	命中弾	貫徹弾孔	結果
50㎜砲	40発	5箇所	20%
75㎜砲	25発	4箇所	16%

結論：カナダ戦車『ヴァレンチン』の装甲防御は、ドイツファシスト軍の中核対戦車兵器である50㎜対戦車砲38年型からの徹甲弾に対して有効である。

III. 中戦車T-34は敵陣地帯の突破において行動するソ連戦車の中核車種である。それゆえ、ファシズムドイツの対戦車砲撃下でのその作動状態を研究することは、わが国の戦車産業にとって最も興味深いものである。

テストに供されたのは第264工場［スターリングラード］が本年9月に出荷した装甲車体で、表面が焼入れされた厚さ45㎜の高硬度表面硬化装甲で防護された部分（車体前面の上部及び下部装甲板、上部側面傾斜装甲、後面装甲板）、それに厚さ40㎜の装甲で防護された部分（車体の垂直側面）である。T-34戦車の装甲の特徴は、前面、後面、それに車体上部側面傾斜装甲の装甲板が大きな傾斜角（平均して40～60度）を付けて装着されている点である。ただし戦車の側面のみは垂直に装着されている。

射撃は37㎜対戦車砲36年型から徹甲弾と硬芯徹甲弾とによって、また50㎜対戦車砲38年型と75㎜軽対戦車砲からそれぞれ徹甲弾によって行い……

1. 37㎜対戦車砲によるT-34戦車車体への射撃：
T-34戦車の前面と車体上部側面傾斜装甲を37㎜対戦車砲36年型

によって距離100mから射撃した。発射薬の調整で距離200m及び400mの模擬試験が行われた。長距離において傾斜角40度以上の高硬度45㎜装甲板は、この種類の砲弾を跳飛するからである。

車体前面に対して全部で20発の徹甲弾が発射されたが、装甲板を貫徹しなかった。たまたま戦車の鼻梁部［車体前面の上部装甲板と下部装甲板が接合される横梁部分］に命中した砲弾だけが、そこに直径約40㎜の貫徹弾孔を残したにすぎない。

37㎜硬芯徹甲弾40年型による車体前面への射撃は11発で、距離300m並びに500mに相当する射撃が行われた。貫徹弾孔は見られず……

厚さ45㎜の車体上部側面傾斜装甲もまた37㎜徹甲弾の射撃に耐え（貫徹弾孔なし）ものの、それに対して合計8発行われた射撃のうち2回は破孔ができた。

厚さ40㎜の側面装甲板に対する20発の37㎜口径徹甲弾射撃は、装甲板が撃ち破られるのは距離約200mから直角に命中した場合（貫徹弾孔2箇所）だけか、または硬芯徹甲弾40年型の距離300m以下からの射撃の場合（貫徹弾孔は10発中4発）に限られることを示した……。

結論：T-34戦車の装甲防御は距離300m以上からのドイツ37㎜徹甲弾射撃に対して十分満足できるものである。実際に撃破されたケースは大抵、発見された装甲板加工上の欠陥、そして戦車鼻梁部の強度不足と関係している。

2. T-34戦車車体に対する50㎜対戦車砲38年型による射撃：

50㎜徹甲弾射撃は距離200mから行われ、さらに装薬量は距離300m、500m、1,000mの射撃に擬され、以下のことを示した。

T-34戦車車体前面は、距離500m及び1,000m相当から18発の徹甲弾射撃を受けた。前面上部装甲板は原形を保ったが、射撃の結果貫徹弾孔が確認された——

a）ボールマウントの装甲と車体前面上部装甲板をつなぐ溶接の継ぎ目。徹甲弾は前面装甲板に跳弾して装甲を前面下部から喰い込んで、球形機銃基部を車体の内側に叩き込んだ。

b）鼻梁部。

このほか多くの命中弾がPTP［装甲裏面限界強度］異常をもたらし、装甲板裏面の鉄滓剝離を伴っている。車体中央部の前面上部装甲板への命中時の鉄滓破片は大きく……

下部前面装甲板は2回の貫徹孔を生じた。

硬芯徹甲弾もまた、T-34に正対しては効果不足の手段であることを示した。500m相当の距離から全部で9発の硬芯徹甲弾が前面に対して発射され、そのうち装甲を撃ち抜いたのは3発で、しかも

前面上部装甲板が撃ち抜かれたのはただの1回であり……
　ところが、T-34の側面と上部側面傾斜装甲ははるかに脆弱なることを露呈した：
　上部側面傾斜装甲を距離300mから徹甲弾で5発連続射撃した際、2箇所の貫徹弾孔が認められた。車体側面に対する射撃の際は、発射された砲弾はすべて装甲板に侵徹して［装甲板に突き刺さって］いた……
　硬芯徹甲弾はT-34戦車の側面を距離500m及び1,000mから、そして上部側面傾斜装甲を距離500mから問題なく破壊した。
　T-34の装甲車体に対する射撃記録は第3表に掲載。

第3表：

	命中弾	貫徹弾孔	結果
50mm対戦車砲38年型、徹甲弾	30発	12箇所	40%
50mm対戦車砲38年型、硬芯徹甲弾	18発	13箇所	72%
75mm軽対戦車砲、徹甲弾	20発	4箇所	20%

　結論：ドイツ50mm徹甲弾による距離500m以上からの射撃に対するT-34戦車の装甲防御は十分満足できるものである。助言するならば、当該戦車の垂直側面の装甲を強化することだけであろう。50mm硬芯徹甲弾はあらゆる有効射程からT-34の装甲に対して非常に効果的である。至急、先送りせず、糸巻き型硬芯徹甲弾薬に対するT-34戦車の装甲強化に関する総合的な措置を策定する必要がある。
　当該種類の戦車車体のドイツ75mm軽対戦車砲射撃に対する装甲の耐久性を明らかにし、最終的な結論を下すにはデータが不十分であり……
　実施されたテストから、ドイツ軍はあらゆる手を尽くして自らの対戦車防御の強化を試み、37mm砲36年型に替えて50mm対戦車砲38年型を次第に増やしていくであろう。一連の指標においてわが国の76.2mm対戦車砲1942年型に相当する75mm軽対戦車砲が前線に登場していることは、敵の作業がいかなる方向に向いているのかを示している──それは軽量の中口径汎用砲と、標準化された砲架に搭載する強力な対戦車砲とを開発することである」。

　最後に、1944年7月に実施された「T-IV戦車車台搭載のドイツ88mm口径対戦車砲（Pak43）」（ナースホルン自走砲のことを念頭においている）とパンター戦車の75mm戦車砲によるT-44、T-34M（前面装甲厚75mm）、IS-2（車体前面の段差をなくしたタイプ）に対する射撃テストに関する報告資料から、88mm砲についての部分だけ抜粋する。テストは距離500mから行われ、より大きな射程の模擬試

験は徹甲弾の発射薬をしかるべく減らして実施された：

「T-44戦車——厚さ75㎜の前面は……初速1,000m/sの88㎜徹甲弾1943年型によって距離2,000mから貫徹される。

　厚さ75㎜の側面が88㎜徹甲弾によって貫徹されるのは、距離3,000mを越える際は命中角が45度までの場合である……。

　T-44の砲塔前面が88㎜徹甲弾で貫徹されるのは、距離4,000m以上から命中角が45度の場合であるが、［車体］前面装甲板はこの角度では距離が600m以下となる……。

　厚さ75㎜の高硬度装甲を持つT-34M車体前面の各部が88㎜徹甲弾で貫徹されるのは距離2,000mからである……。

　鼻部がまっすぐな［IS重戦車シリーズ上部車体前部の段差がなくなったタイプを意味する］IS-2戦車は、あらゆる対向針路角とあらゆる有効射程において88㎜徹甲弾によって貫徹される……。

　真っ直ぐに伸びた鋳造の上部車体前面（厚さ100㎜）は、距離420mからの88㎜徹甲弾を跳飛するが、厚さ130㎜〜135㎜の下部は戦車の完全なる防御は保障できない」。

量産型IS-2（鼻部平面化）に対する75㎜及び88㎜徹甲弾による最大貫徹射程（m）

対向針路角（度）	戦車の部位	75㎜徹甲弾（パンター戦車）	88㎜徹甲弾（対戦車砲1943年型）
0	鼻上部	570	2,700
	鼻中部	貫徹せず	貫徹せず
	鼻下部	1,600	4,500
30	車体側面	貫徹せず	貫徹せず
	上部側面傾斜装甲	貫徹せず	貫徹せず
	砲塔基台側面	貫徹せず	貫徹せず
	砲塔基台斜面	未試験	1,040
45	車体側面	655	2,990
	砲塔基台側面	1,055	3,370
	砲塔基台斜面	1,750	4,740
	砲塔側面	貫徹せず	2,150
60	車体側面	1,630	3,975
	砲塔基台側面	未試験	4,500
	上部側面傾斜装甲	未試験	3,780
	砲塔側面	900	2,325
90	車体側面	1,285	6,000
	砲塔基台側面	未試験	6,200
	上部側面傾斜装甲	2,480	7,320
	砲塔側面	1,200	5,130
180	車体後面	未試験	未試験
	砲塔後面	未試験	2,930

［著者］
マクシム・コロミーエツ
1968年モスクワ市生まれ。1994年にバウマン記念モスクワ高等技術学校（現バウマン記念国立モスクワ工科大学）を卒業後、ロシア中央軍事博物館に研究員として在籍。1997年からはロシアの人気戦車専門誌『タンコマーステル』の編集員も務め、装甲兵器の発達、実戦記録に関する記事の執筆も担当。2000年には自ら出版社「ストラテーギヤKM」を起こし、第二次大戦時の独ソ装甲兵器を中心テーマとする『フロントヴァヤ・イリュストラーツィヤ』誌を定期刊行中。最近まで内外に閉ざされていたソ連側資料を駆使して、独ソ戦の実像に迫ろうとしている。著書、『バラトン湖の戦い』は小社から邦訳出版され、『アーマーモデリング』誌にも記事を寄稿、その他著書、記事多数。

［翻訳］
小松徳仁（こまつのりひと）
1966年福岡県生まれ。1991年九州大学法学部卒業後、製紙メーカーに勤務。学生時代から興味のあったロシアへの留学を志し、1994年に渡露。2000年にロシア科学アカデミー社会学・政治学研究所付属大学院を中退後、フリーランスのロシア語通訳・翻訳者として現在に至る。訳書には『バラトン湖の戦い』、『モスクワ上空の戦い』（いずれも小社刊）などがある。また、マスコミ報道やテレビ番組制作関連の通訳・翻訳にも多く携わっている。

独ソ戦車戦シリーズ 13

ドイツ国防軍の対戦車砲
1939-1945
開発／運用／組織編制とソ連戦車に対する射撃効果

発行日	2009年10月14日　初版第1刷
著者	マクシム・コロミーエツ
翻訳	小松徳仁
発行者	小川光二
発行所	株式会社 大日本絵画
	〒101-0054　東京都千代田区神田錦町1丁目7番地
	tel. 03-3294-7861（代表）　http://www.kaiga.co.jp
企画・編集	株式会社 アートボックス
	tel. 03-6820-7000　fax. 03-5281-8467
	http://www.modelkasten.com
装丁	八木八重子
DTP	小野寺徹
印刷・製本	大日本印刷株式会社

ISBN978-4-499-23005-6 C0076

ФРОНТОВАЯ
ИЛЛЮСТРАЦИЯ
FRONTLINE ILLUSTRATION

Противотанковая
Артиллерия
ВЕРМАХТА
1939-1945 гг.

by Максим КОЛОМИЕЦ

©Стратегия KM 2006

Japanese edition published in 2009
Translated by Norihito KOMATSU
Publisher DAINIPPON KAIGA Co.,Ltd.
Kanda Nishikicho 1-7, Chiyoda-ku, Tokyo
101-0054 Japan
©2009 DAINIPPON KAIGA Co.,Ltd.
Norihito KOMATSU
Printed in Japan